王 凡 ◆ 著

随缘的人生

自在多

人生变化无常，你要学会随缘

广东旅游出版社
GUANGDONG TRAVEL & TOURISM PRESS
悦读书·悦旅行·悦享人生
中国·广州

图书在版编目（CIP）数据

随缘的人生自在多 / 王凡著. — 广州：广东旅游出版社，2014.8
（2024.8重印）
ISBN 978-7-80766-892-3

Ⅰ.①随… Ⅱ.①王… Ⅲ.①人生哲学－通俗读物 Ⅳ.①
B821-49

中国版本图书馆CIP数据核字（2014）第153640号

随缘的人生自在多

SUI YUAN DE REN SHENG ZI ZAI DUO

出 版 人　刘志松
责任编辑　官　顺
责任技编　冼志良
责任校对　李瑞苑

广东旅游出版社出版发行

地　　址　广东省广州市荔湾区沙面北街71号首、二层
邮　　编　510130
电　　话　020-87347732（总编室）　020-87348887（销售热线）
投稿邮箱　2026542779@qq.com
印　　刷　三河市腾飞印务有限公司
　　　　　　（地址：三河市黄土庄镇小石庄村）
开　　本　710毫米×1000毫米 1/16
印　　张　14
字　　数　200千
版　　次　2014年8月第1版
印　　次　2024年8月第2次印刷
定　　价　59.80元

本书若有倒装、缺页影响阅读，请与承印厂联系调换，联系电话0316-3153358

前　言

提到"随缘"一词，很多人会觉得这是礼佛人的观念。的确，佛家多讲随缘，有"随缘不变，不变随缘""随缘，莫攀缘"等说法。

实际上，随缘不仅是礼佛人的思想，这种态度也是适合芸芸众生的。

随缘是对当前境遇理性而非感性的抗争，事可改变时要尽力改变，事成定局时则坦然接受，不盲目对抗，也不消极怨尤。

随缘是一种顺其自然、不过度、不强求的处世态度，它体现的是人性的达观和洒脱，是一种成熟的思想。

随缘是一种恬淡自适的心灵境界，不因拥有而喜悦，也不因失去而痛苦，能够淡然地看待一切，以平静的心态接受生活公正或不公正的待遇，接受生活随心或不随心的安排。

有人说，随缘是不是可以用"命里有时终须有，命里无时莫强求"来表明思想？其实，意思还是有所不同的。"莫强求"的确是随缘的表现形式之一，但随缘却并非是对命运的迷信与妥协。随缘并非无所作为，也不是听天由命，它只是让我们在各显神通的奋斗时保持原则，在狂热追逐的环境中保持冷静。随缘不是没有原则、没有立场的恣意妄为，那些将随缘当作借口逃避责任的人是被人唾弃的。

随缘是对人生智慧的开悟，是浮躁的社会中最好的精神抚慰品。

在与人交往时，随缘的态度是极为重要的，相识是缘，相知是缘，分离也是缘，只不过相识是缘起，分离是缘灭罢了。别因缘起而过度欢喜，以免缘灭时过度伤悲。想得开，放得下，这才是聪明的活法。

在与人竞争时，随缘也是立足社会的心态基石。以"入世"的态度耕耘，以"出世"的态度收获，尽己所能，得而不喜，失而不忧，有收获要淡然，无收获也不必凄凄然。有条件继续奋斗，则不要放弃追求；无条件让你发挥，则泰然转舵，寻找更适合自己的方向。这实际上是应对变幻莫测的人生最好的态度。

　　生活中，如果能恪守原则不变，在小细节处随缘行道，自然能随心自在而不失正道。

　　本书分八章讲述了怎样恪守随缘的态度，告诉人们如何面对忧愁，如何面对得失，如何面对贫富，如何面对荣辱，如何面对顺逆，如何面对恩怨，如何面对成败，如何面对爱恨等。书中举实例，讲道理，用严肃而又不失温慰的解读，向读者传达了一种人生彻悟之后的精神自由，希望本书能带给读者不一样的人生感受。

目 录

目
錄

目
錄

卷五
顺也好，逆也好，苦乐随缘

卷六
恩也好，怨也好，宽怀随缘

目录

目錄

卷一
忧也好，愁也好，放下随缘

忧也好，愁也好，归根究底，大都因为想得太多，太复杂，而产生的内心的不安。其实，凡事皆可随缘，境来不拒，境去不留。执着一念，不懂放下，是不能还生活本来的面目的。有时候，放下可能会让你伤感，但迎接你的将是更淡定和安然的未来。所以，请放下随缘，智慧生活。

1. 有些事本就无须烦恼，让它们随风去好了

那些无谓的烦恼和忧虑，绝对是有害而无益的。你听说过有谁从烦恼和忧虑中得到过什么好处吗？恰恰相反，难道不是烦恼和忧虑在随时随地地损害着我们的健康、消耗着我们的活力、降低着我们的生活效率吗？

一句话，疾病可以置人于死地，而无谓的庸人自扰也同样会让人活得很沉重。

有这样一个小故事：

从前，有一位老人，长着一把又长又密的大胡子，经常以"美髯公"自居。

一天，正当老人在自家门前闲坐的时候，邻居家的一个小孩子跑过来问他："老爷爷，你留着这么长的胡子，那在晚上睡觉的时候，你是把它放在被子里面呢，还是把它放在被子外面呢？"

老人想了半天，竟没有回答上来。

于是，到了晚上睡觉的时候，这位老人想起了白天小孩子问过他的问题。

他先是把胡子放在被子的外面，可感觉很不舒服，就又把胡子拿到被子的里面，却仍然觉得很难受。

就这样，老人一会儿把胡子拿出来，一会儿又把胡子放进去，整整折

腾了一个晚上，也始终想不起来，自己以前睡觉的时候，胡子到底是如何处置的了。

第二天一大早，这位老人就去敲邻居家的门，然后生气地对跑出来的小孩子说："都怪你，害得我一晚上都没睡成觉。"

这就是庸人自扰的威力，它可以在不知不觉中影响你的工作和生活，使你陷入不能自拔的痛苦境地。就像故事中那个老人一样，竟然被"胡子究竟该放在哪里"这样的小问题所困扰，那么身心上所遭受的痛苦与折磨又能怪谁呢？

而要赶走这无谓的烦恼和忧虑，你必须依靠自己。尝试着用快乐代替烦恼，用乐观代替忧虑，如果再能加上一份对于工作的努力与执着，那么这些有害而无益的恼人情绪，自然就会离你而去了。

"北大怪侠"孔庆东在他的畅销书《47楼 207》中曾写过这样一件趣事：

上中学时，他们几位同学在一起边走边聊，忽然间走在前边的一位姓马的同学转过头来，愤怒地叫道："你们叫谁马寡妇？"其实大家谈论的话题与他一点关系都没有，他就这样给自己起了个外号。

这类疑神疑鬼的"马寡妇"在生活中实在是太多了。人们常说做贼心虚，他们没有做什么见不得人的事，但心里却常发虚，他们过分地注意别人对自己的评价或态度的微小变化，其实别人并没有拿他们怎么着，但他们总会以为大家在同他们过不去。

说白了，这种貌似强烈自我意识的心理实则是一种自卑感。他们总希望自己是生活的强者，是别人心目中的优秀分子，可往往事与愿违，想象与现实之间有距离，这种距离促使他们更加敏感紧张，随时捕捉任何可能对自己不利的信号。结果很有可能会形成一种恶性的心理循环，你越紧张兮兮越神经质，就越容易成为别人的话柄或笑料，反过来又会进一步加剧你的猜疑与敌意，这样就把人际关系搞得一团糟。

禅师云游，在一个老婆婆家里借宿，一连几天，那个老婆婆都愁眉不展。禅师纳闷，问她道："你为什么整天都愁眉不展呢？可有什么伤心事，可否容我替你开示。"

老婆婆说："我有两个女儿，大女儿嫁给卖布鞋的，小女儿嫁给卖雨伞的。天晴的时候，我就会想到小女儿的雨伞一定卖不出去，所以忍不住要伤心；下雨的时候呢，我就会想到大女儿，下雨天当然就没有顾客上门买布鞋啦，所以想想就难过。"

禅师说："原来是这么回事！你这样想不对呀！"

婆婆说："母亲为女儿担心，怎么不对？我知道担心也是没有用的，但我就是控制不了自己！"

禅师开导她说："为女儿担心是没有错，可是你为什么不为女儿开心呢？你想想，天晴的时候，你大女儿的布鞋店一定生意兴隆；下雨的时候，你小女儿的雨伞肯定十分畅销，你应该天天为她们开心才是呀，怎么会难过呢？"

老婆婆听完禅师的话，豁然开朗，此后每当她想到自己的两个女儿的时候，无论晴天雨天她总是笑嘻嘻的。

换一个视角，事情完全就变了样，人生不也如此吗？痛苦的对面是快乐，哭的对面是笑。人长了两只眼睛，就是要我们从两个不同的角度去全面地看清事物的真面目啊！

世上本无事，庸人自扰之。有许多事确实是人自己找出来的，只要自己胸怀坦荡，百川能容，周围的世界也就会天高云淡，风和日丽。

随缘心语：

想获得快乐和幸福很简单，只要把目光停留在快乐和幸福的事情上就行了。如果你把目光都集中在痛苦、烦恼上，生命就会黯然失色。

随

缘

2. 该"忘记"的要忘记，该"糊涂"的要糊涂

记忆就像一本独特的书，内容越翻越多，而且描述越来越清晰，越读就会越沉迷。有很多人为记忆而活着，他们执着于过去，不肯放下。还有一些人却生性健忘，过去失去的与悲伤的对他们来说都是过眼烟云，他们不计较过去，不眷恋以前，不归还旧账，活在当下并展望未来。

我们提倡健忘，这种健忘不是丢三落四，而是一种随缘的人生态度。我们说学会"健忘"，是说该忘记的鸡毛蒜皮不妨"忘记"一下，该糊涂的枝节问题不妨"糊涂"一下。内心宽敞一点，不纠结，能放下，这样的人生未尝不是一种幸福。因为人生并不都像期望的那样充满诗情画意，那么快乐自在。人生中必定有许多苦痛和悲哀，有许多令人厌恶和心碎的东西，如果把这些东西都储存在记忆之中的话，人生必定会越来越沉重，越来越悲观。实际上的情景也正是这样。当一个人回忆往事的时候就会发现，在人的一生中，美好快乐的体验往往只是瞬间，占据很小的一部分，而大部分时间则伴随着失望、忧郁和不满足。

德国有句谚语："人最痛苦的事情，就是在眼下的苦痛中回忆过去的幸福。"其实，有些回忆即便是幸福的，也不过是个沉重的包袱。

人生既然如此，健忘有什么不好呢？它能够使我们忘掉幽怨，忘掉伤心事，减轻我们的心理重负，净化我们的思想意识；可以把我们从记忆的

苦海中解脱出来，忘记我们的罪孽和悔恨，利利索索地做人和享受生活。

那么，我们在生活中该学会忘记什么呢？一要忘记不值得的仇恨。一个人如果在头脑中种下很多仇恨的种子，总是想着怎么报仇，他的一生可能都不会得到安宁。二要忘记没必要的忧愁。多愁善感的人，他的心情长期处于压抑之中而得不到释放。愁伤心，忧伤肺，忧愁的结果必然多疾病。《红楼梦》里的林黛玉不就是如此吗？在我们的生活中，单凭忧愁并不能解决任何问题。三要忘记甩得掉的悲伤。生离死别，的确让人伤心。黑发人送白发人，固然伤心；白发人送黑发人，更叫人肝肠欲断。一个人如果长时间地沉浸在没完没了的悲伤之中，对于身体健康是有很大影响的。与忧愁一样，悲伤也不能解决任何问题，只是给自己、给他人徒添烦恼。理智的做法是应当学会忘记悲伤，尽快走出悲伤，为了他人，也为了自己。

"人生不满百，常怀千岁忧"，有何快乐可言？生活中有些回忆是需要忘记的，在生活中会"健忘"的人才活得潇洒自如。

随缘心语：

我们提倡健忘，这种健忘不是丢三落四，而是一种随缘的人生态度，内心宽敞一点，不纠结，能放下，这样的人生未尝不是一种幸福。因为人生并不都像期望的那样充满诗情画意，那么快乐自在。

3. 遇事糊涂些，烦恼自然会少得多

台湾著名女作家罗兰认为：当一个人碰到感情和理智交战的时候，常会发现越是清醒，越是痛苦。因此，有时候对于一些人和事，"真不如干脆糊涂一点好"。她同时还认为：一时的糊涂，人人都有；永远的糊涂就会成为笑话。喜欢故意犯犯错误，装装糊涂，或虽然无意之间犯下了错误，但可以再用自己的聪明去纠正弥补的，那是聪明人；或者我们不妨说，那是些聪明而且又有胆量的人。从来不去犯错误，也不装糊涂，一生规规矩矩的人大概是神仙。从来不想去犯错误，又不知道自己该从糊涂中清醒，或根本不知道怎样才可以使自己清醒的人，就是傻子。英国评论家柯尔敦也说："智者与愚者都是一样的愚蠢，其中差别在于愚者的愚蠢，是众所周知的，唯独自己不知觉；而智者的愚蠢，是众所不知，而自己却十分清楚的。"

由此可见，为人处世时装装糊涂，既是处世的聪明，也是需要勇气的行为。很多人一事无成，痛苦烦恼，就是因为自认为自己很聪明，却又缺乏"装装糊涂"的勇气。当然，在人生的长河中，或者在一些具体的人和事上，假装糊涂，并不一定都是阿Q式的自我满足、自我麻醉、自我欺骗。在糊涂与清醒之间，在糊涂与聪明之间，随时随地都要注意掌握应有的分寸，即知道自己何时该聪明，何时该糊涂。该糊涂的时候，一定要糊

涂；而该聪明、清醒的时候，则不能够再一味地糊里糊涂，一定要聪明。这实际上也是一个"出"与"入"的问题，即知道自己在适当的时候"从糊涂中入，从聪明中出"；或者在适当的时候"从聪明中入，从糊涂中出"，如此出出入入，由聪明而转为糊涂，由糊涂而转为聪明，则必左右逢源，不为烦恼所扰，不为人事所累。

我国古代先哲老子就极为推崇"糊涂"。他自称"俗人昭昭，我独昏昏；俗人察察，我独闷闷"。而作为老子哲学核心范畴的"道"，更是那种"视之不见，听之不闻，搏之不得"的似糊涂又非糊涂、似聪明又非聪明的境界。

清朝画家郑板桥有一方闲章，曰"难得糊涂"，这四个字一经刻出，便立刻成了很多人津津乐道的座右铭。仿佛有许多人生的玄机一下子从这四个字里折射出了哲学的光辉。

在我们身边，无论同事、邻里之间，甚至萍水相逢的人，不免会产生些摩擦，引起些烦恼，如若斤斤计较，患得患失，往往越想越气，这样很不利于身心健康。如做到遇事糊涂些，烦恼自然会少得多。

人生在世，智总觉短，计总觉穷，纷纷扰扰、热热闹闹在眼前，又有几人能看清？常言道：不如意事总八九，可与人言无二三。天地间，立人处世，总会有许多盘盘曲曲、枝枝节节，即便胸中有万丈光芒，托出来也不过就是那丁点儿亮。于是，俯仰之间，总觉得被拘着、束着、挤着、磨着，好比那郑板桥，硬着头皮做清官、好官，却屡屡遭贬、被逐，无奈掷印辞官，自讨二分糊涂下酒，于是，身心俱轻。正是：行到水穷处，坐看云起时。此一糊涂，人生境界顿开，先前舍不下的成了笔底烟云；先前弄不懂的成了淋漓墨迹。因此，你不得不承认糊涂其实是一种智慧，犹似雾里看花、水中望月，径取朦胧捂眼，而心成闲云。

有一则外国寓言说，在美国科罗拉多州长山的山坡上，竖着一棵大树的残躯，它已有四百多年历史。在它漫长的生命里，被闪电击中过14次，无数的狂风暴雨袭击过它，它都岿然不动。最后，一小队甲虫却使它倒在了地上。这个森林巨人，岁月不曾使它枯萎，闪电不曾将它击倒，狂风暴雨不曾使它屈服，可是，却在一些可以用手指轻轻捏死的小甲虫持续不断的攻击下，终于倒了下来。这则寓言告诉我们，人们要提防小事的缠扰，要竭力减少无谓的烦恼，要"糊涂"，否则，小烦恼有时候是足以让一个人毁灭的。我们活在世上只有短短的几十年生命，不要浪费许多无法补回的时间，去为那些很快就会被所有人忘了的小事烦恼。生命太短暂了，在这一类问题上糊涂一些吧，不要再为小事垂头丧气。

"难得糊涂"实在是一剂解惑之良药，直切人生命脉。按方服药，即可贯通人生境界。所谓一通则百通，不但除去了心中的滞障，还可临风吟唱、拈花微笑、衣袂飘香。

随缘心语：

在我们身边，无论同事、邻里之间，甚至萍水相逢的人，不免会产生些摩擦，引起些烦恼，如若斤斤计较，患得患失，往往越想越气，这样很不利于身心健康。如做到遇事糊涂些，自然烦恼会少得多。

4. 世间冷暖，全在自心

俗话说："房子永远少一间，衣服永远少一件"，可见房子的大小与衣服的多少，关键在于心理感受上的变化，而不是外在数量上的变化。我们所熟知的刘禹锡的《陋室铭》一文中所说"山不在高，有仙则名；水不在深，有龙则灵"，也是能在细小中见到无限伟大的意义。

明代的吕坤在《呻吟语》中说：在遭遇患难的时候，内心却居于安乐；在地位贫贱的时候，内心却居于富贵；在受冤屈而不得伸的时候，内心却居于广大宽敞，就会无往而不泰然处之。这才是我们为人处世的正确态度。

《菜根谭》中说："天运之寒暑易避，人生之炎凉难除；人生之炎凉易除，吾心之冰炭难去。去得此中之冰炭，则满腔皆和气，自随地有春风矣。"这段话的意思是：人生的苦乐并非客观的而是主观的，所以并不在于天气的冷暖与世态的炎凉，而完全存乎自己内心一念之间的感受。如果能本着"人我两忘，恩怨皆空"的态度，那人间冷暖与世态炎凉也就不足而论了。

一位大官员解甲归田，回到老家后，看到门户不像做官时那样风光，心中不快乐，说道："世态如此的炎凉，叫人如何能忍受？"他的一位旧友规劝他："您也是炎凉之人，不只是世情的过错。平淡朴素是我们本来应该的事，热闹繁华只是我们偶然碰到的，您留恋富贵，认为那是理所当然的，憎恨贫贱，认为只是偶然的际遇，您的炎凉与别人一样，又哪能顾及感叹世情呢？"

　　大官员哀叹人世间的炎凉，其实，世间的一切功名利禄都是浮名，既然是虚浮的东西，还有什么不可抛弃的呢？无论功名是否命定，都是浮云，又有什么可执着的？为人处世，还是"得意淡然，失意泰然"好。

随缘心语：

　　把康庄大道视为山谷深渊，把强壮健康视为疾病缠身，把平安无事视为不测之祸，那么你在哪里都不会不安稳。

随

缘

5. 既然无法控制，烦恼又有何意义

1985年，17岁的鲍里斯·贝克作为非种子选手赢得了温布尔登网球公开赛冠军，震惊了世界。一年以后他卷土重来，成功卫冕。又过了一年，在一场室外比赛中，19岁的他在第二轮输给了名不见经传的对手，被杀出局。在后来的新闻发布会上，人们问他有何感受，他以在他那个年龄少有的机智回答道："你们看，没人死去——我只不过输了一场网球赛而已。"

他的看法是正确的：这只不过是场比赛——当然，这是温布尔登网球公开赛；当然，奖金很丰厚——但这并不是生死攸关的事。

如果你发生了不幸的事——爱情受阻，或生意不好，或者是银行突然要你还贷款——你就能够——如果你愿意的话，用这个经验来应付它们。你可以把它们记在心里，就好像带着一件没用的行李。但如果你真要保留这些不快的回忆，记住它们带给你的痛苦，并让它们影响你的自我意识的话，你就会阻碍自己的发展。选择权在你自己：只把坏事当作经验教训，把它抛在脑后吧！换句话说，丢掉让自己情绪变坏的包袱。

一个人行事的成功与否，除了受思想、意志的因素所支配外，还有一个不可忽视的力量——天命。

曾经说过"五十而知天命"这句话的孔子，周游列国到"匡"这个地

方时，有人误认他是鲁国的权臣阳虎，而把他围困起来，想陷害他。那时孔子的学生都非常恐慌，倒是孔子泰然地安慰他们说："我继承了古代圣贤的大道，传播给世人，这是遵奉上天的旨意。假使上天无意毁灭中国文化，那么匡人对我也就无可奈何了。你们大家不必为这事担心。"后来匡人终于弄清楚了孔子不是阳虎，而使孔子渡过了危难。

所以，当自己已经尽力，可因为个人无法控制的所谓"天命"而使事情变糟时，恐慌、着急、悔恨都无济于事，何不像孔子那样坦然面对——清除看似天经地义的坏心情，营造自己的轻松心态，因为人生中的机遇不会仅此一次。

随缘心语：

一个人行事的成功与否，除了受思想、意志的因素所支配外，还有一个不可忽视的力量——天命。只把坏事当作经验教训，把它抛在脑后吧！丢掉让自己情绪变坏的包袱。

6. 人活着，总会有向现实妥协的地方

活着，且要好好活着，就需要我们有一种善于看开的心态。有的时候，我们是拗不过现实的，你必须接受这个事实，这样才能轻松地生活。就像人们常在心里描绘出理想的结婚对象，但现实很少能与理想重合，而到头来，就会发现理想归理想，现实归现实，根本就是两码事儿。如果我们能看开一切，找个虽然与理想相差甚远但又可以接纳的人结婚，那也未尝不是一件美事。又如许多文学创作者们，他们很想创作出流行、格调高雅的作品，一方面满足自己的创作欲望，另一方面也想获得社会各界的一致好评，但事实上，结果往往因为曲高和寡，不被大众所接受，而不具备商业价值。所以，我们最好凡事都想开些，把"阳春白雪"改为"下里巴人"，也不失为一种明智的为人处世的选择。

当然，做个完美的理想主义者本身没有错，但是要结合自己所处的境况，一切不切实际的幻想都是毫无用处的，无异于白日做梦。由此不难发现，人活着总会有他向现实妥协的地方，这不是一种懦夫无勇的表现，实则是一种以退为进的处世原则。

有时候，我们也会受到他人的误解，甚至嘲笑或轻蔑。这时，如果我们想不开，不能控制自己的情绪，就会造成人际关系的不和谐，对自己的生活和工作都将带来很大的负面影响。所以，当我们遇到意外的沟通情景

时，也要试着去想开点，控制自己的情绪，想不开就只能发怒，而发怒只会造成反效果。

凡是允许其情绪控制其行动的人，都是弱者，真正的强者会迫使他们的行动控制情绪。一个人受了嘲笑或轻蔑，不应该窘态毕露，无地自容，反倒应有一种想开的心态。如果对方的嘲笑确有其事，就应该勇敢承认，这样对自己不仅没有损害，反而大有裨益；如果对方只是横加侮辱，盛气凌人，且毫无事实根据，那么这些对你也是毫无损失的，你尽可置之不理，这样会更加显现出你的人格高尚。

不管遇到什么事，想得开都是控制情绪的最好方法。有事断然、无事超然、得意淡然、失意泰然。正如一位诗人所说：忧伤来了又去了，惟我内心的平静常在。

随缘心语：

有的时候，我们是拗不过现实的，你必须接受这个事实，这样才能轻松地生活。就像人们常在心里描绘出理想的结婚对象，但现实很少能与理想重合，而到头来，就会发现理想归理想，现实归现实，根本就是两码事儿。

7. 人是一张弓，不能总紧绷

人是一张弓，弦不能总是紧绷绷的，否则就会丧失弹性，甚至弦断弓亡，连老本都没了。要做到黑白相间，应先学会放松。

把学会放松提到如此重要的位置上来，是因为现代社会给人的压力太大了。尤其是当下的裁员恐慌，就连没失业的人都出了问题。就拿"职业性烦躁"来说吧，这种情况绝对不是偶发的。

通过对生活的观察，我们发现有不少人在上班的特定环境中，会显得郁郁寡欢，急躁易怒，哀怨萎靡，而一旦离开工作岗位，所有负面情绪都自然消失或好转。这种上下班持不同心态而判若两人的现象，因与职业有关，故被称为"职业性烦躁"。

江科长有份令人羡慕的吃"皇粮"的职业。他在机关中是小有实权的科长，按常理应活得很自在，但是，他近一年来，上班时总是心浮气躁，经常发火，把上下级同仁都得罪了，而外来办事者更是被刁难得不知所措，要在他手上办一点小事儿，真是难上加难。知情者透露，他是因在一次该不该收基层单位某项费用时，与顶头上司发生冲突，因此而在上班时情绪烦躁，一副苦脸。

受弹性定理影响，江科长下班后下意识地调节自己。

他玩棋牌，打网球，从而保持了情绪上的弹性，能够在必要时调整一下自己的心情频道，江科长在这一点上是对的。

我们其实不必把人生弄得那么严肃，似乎人生总是为了什么堂皇的大题目而活着。一个人假如有理想、有抱负、有作为、肯牺牲，那当然很可贵；但多数人都不会那么杰出，或那么认真地让自己像参加竞赛一样地去生活。事实上，我们活着的乐趣也决不会仰仗那些大题目，而在于一些小事情、小项目、小趣味。生活不是沿着一条直线单纯地进行，而是由许多小项目相互交换而组成的。

打个比方说，那些理想、抱负、牺牲精神等等，好比是远远地摆在终点上的碑石，而日常生活中的小项目、小趣味，好比旅行途中的花木、山水、风景、旅伴、车船以及歌唱、野餐等等。假如不把注意力放在眼前的趣味上，而一心焦急紧张地奔赴你的目标，那当然会觉得这一段旅途太严肃、乏味、辛苦，而且漫长。特别是当你并不像有些人那样重视终点的目标，或根本不觉得你那目标有什么重要时，如果再忽略生活中的小趣味，那你就会苦恼不堪。

随缘心语：

一个人假如有理想、有抱负、有作为、肯牺牲，那当然很可贵；但多数人都不会那么杰出，或那么认真地让自己像参加竞赛一样地去生活。

8. 要适应生活，不要抱怨生活

在漫长的人生道路上，不遂人意的事常有发生，如果我们因为种种挫折而心灰意冷，备受煎熬。那么人生还有什么滋味？既然不可避免的事实已摆在你面前，你就必须坦然面对，接受并适应它。培根说："一个悲观的人，把所有的快乐都看成不快乐，如比美酒倒入充满胆汁的口中也会变苦一样。"其实，生活中的幸福与困厄，并不在于降临的事情本身是苦是乐，而要看我们如何去面对。当你认为自己很可怜，让痛苦爬满额头，你的生活就会真的很痛苦；而如果你相信自己很快乐，并且快乐地去生活，那么你的生活也就真的很快乐。

传说，有个寺院的住持，给寺院里立下了一个特别的规矩：每到年底，寺里的和尚都要面对住持说两个字。第一年年底，住持问新和尚心里最想说什么，新和尚说："床硬。"第二年年底，住持又问新和尚心里最想说什么，新和尚说："食劣。"第三年年底，新和尚没等主持提问，就说："告辞。"住持望着新和尚的背影自言自语地说："心中有魔，难成正果，可惜！可惜！"

住持说的"魔"，就是新和尚心里没完没了的抱怨。这个新和尚只考虑自己要什么，却从来没有想过别人给过他什么。像新和尚这样的人在现实生活中有很多，他们这也看不惯，那也不如意，怨气冲天，牢骚满腹，总觉得别人欠他的，社会欠他的，从来感觉不到别人和社会对他所做的一切。这种人心里只会产生抱怨，不会产生感恩。一个哲人说，世界上最大的悲剧和不幸就是一个人大言不惭地说："没人给过我任何东西。"

常听到有人抱怨："上天太不公平了，为什么别人都那么优秀，而我却一无所有？我没有花容月貌，没有八斗才华，没有政治家的文韬武略，又不及军事家能运筹帷幄。我缺乏天赋，啊！天赋，那是上天赐予的财富。上天啊，既然让我来到这个世间，为什么又不给我超凡的一切？"

抱怨的人们啊，一心仰面向天乞求财富，却从不低下头来仔细想想自己已经拥有的一切。于是时间在怨天尤人中悄悄流逝，他们踌躇、苦闷、蹉跎岁月，最终一事无成。

很多人都觉得活得累，于是抱怨变成了最方便的出气方式。但抱怨很多时候不但不能解决问题，还会使问题恶化。如果抱怨上了瘾，不但人见人厌，自己也整天不耐烦。

抱怨生活，只能使自己过得更疲惫。有这样一个故事：比尔生活在城市里，生活舒适，有时却感觉缺少事做；即使忙碌，也会觉得空虚；有快乐，也有彷徨，有希望，也有失望，总是难得如意。因此寻访乡野成了他解决烦恼的一种途径。乡间正值丰收季节，田垄上堆着稻子，农人提着镰刀，松松斗笠，用毛巾擦着汗，嬉笑地走向冒着炊烟的家。比尔和一老者在树下搭讪，老者纯朴而友善。老者说："我们感觉快乐是因为我们能够适应田间的生活，而且喜欢它。我很乐观，我对生活不曾抱怨过，我吃自己种的蔬菜和水果，觉得那是世上最好的食物。"比尔若有所悟地点了点头。

在自然界的生活当中，没有什么是一成不变的，如果你不能适应生活，不能调整心态，不能安心随缘，你永远都会有烦恼。你要相信：一切都会变好的，我们的生活是美好的，我们要乐观地对待生活，充满自信地挑战生活，我们永远都是胜利者。

世界上有多少人没有安居的处所，有多少人没有享有受教育的权利，有多少人为一日三餐发愁，有多少人没有存款，有多少人挣扎在死亡的边缘，有多少人在为了你我而奔波忙碌。所以，请不要抱怨，因为抱怨不会使你在增长的岁数减少，抱怨不会使贫乏的知识增多；抱怨不会帮你工作，替你劳累；抱怨不会使青春永在，快乐常存。在穿越了千山万水后，发现自己虽然满脚的泥泞，可是却闻到了满身的花香啊，还有清晨大自然赐予我们的露水，中午老天给我们播洒的阳光，即使是深夜，也有星星在我们的身上留下了笑脸。那么，还要去抱怨自己所受的苦，所挨的伤累吗？不要抱怨生活的苦，不要在意命运的不公平。走完一段路后，要回过头去，认真地去寻找和回味每个足迹，深深浅浅的足迹，每个足迹里都有一个值得我们回忆的故事，甚至是刻骨铭心的记忆。翻过险山，领略了什么叫作伟岸，于是不再怕峻岭；涉过了急流，便领教了什么叫作挑战，哪怕后边有更多的险滩；在生死的边缘挣扎过，会对生命的珍贵有了更深的感悟，今后，再也不会慢待生命，会认真地过好每一天。

随缘心语：

在自然界的生活当中，没有什么是一成不变的，如果你不能适应生活，不能调整心态，不能安心随缘，你永远都会有烦恼。你要相信：一切都会变好的，我们的生活是美好的，我们要乐观地对待生活，充满自信地挑战生活，我们永远都是胜利者。

9. 有压力不是坏事，要善于与压力共处

现代社会是一个充满压力的社会，每个人都在压力中生存，差别仅是压力的大小和对压力的承受力大小不同而已。可以说压力与我们相伴一生，如果不能和压力好好相处，压力就会成为我们人生成功的绊脚石，而让我们疲惫或失望，甚至会失去生活的兴趣。

近年来，因为来自方方面面的压力而引起的各种不良反应，诸如焦虑、忧虑、愤怒、过劳等精神疾病正在困扰着越来越多的人，已成为社会关注的焦点。根据世界卫生组织（WHO）统计，北美地区因压力所付出的代价每年损失超过2000亿美元，其中在美国因为压力所造成企业的损失就超过300亿美元，在英国由于压力所耗损的产值竟然占国民生产总额（GNP）的3.5%。

研究压力对人类身心影响最有名的加拿大医学教授赛勒博士曾说："压力是人生的香料。"他提醒我们，不要认为压力只有不良影响，而应转换认知和情绪，多去开发压力的有利影响。

人在其一生中，本来就是无法摆脱压力。既然无法逃避压力，就要学习与压力共处，若无法和平共处，无法克服压力来获得回馈，则可能导致各种身体与精神疾病，天天受到压力的折磨，这样不仅会对工作人员及家庭生活造成伤害，同时也会导致企业生产力和竞争力下降.甚至还会造成

不可弥补的损失。

首先，应该学会缓解压力。最有效的方法就是在你面前摆一把椅子，想象给你带来压力的一方就坐在椅子里。然后对着"他"说出你长期以来的想法和感受。在对方不在场的情况下讲出你的愤怒，这样可以释放被压抑的能量，使你的思维变得清楚，排解心中的毒素。

其次，还应该学会控制自身对压力的反应，增加心理的承受能力，减少外界压力带来的伤害。如果因某种自身不可改变的事物给自己造成压力，这种方法是减轻伤害的最好途径。

再次，应根据自身的条件和现实的环境，制定切实可行的人生目标。一个好的目标会使人奋发努力，积极进取，并体验到成功的喜悦。反之，如果目标脱离现实，完全没有实现的可能，肯定会遭遇到重重困难，并使人产生挫败感。要善于消除不良情绪。人作为社会成员之一，不可避免地会遇到各种挫折和打击，会产生诸如愤怒、悲伤、恐惧等各种消极情绪。遇到这种情况，应采取一定的方式宣泄这些不良情绪，如通过倾诉、抗争、转移注意力等方式，尽量减少采用否认、退缩等方式解决矛盾。

最后，如果某种压力已经给自己造成心理伤害，自己又无法排解，这时一定记着去寻求心理帮助，千万不可让它郁积于心，否则后果不堪设想。

社会生活节奏的加快、日趋激烈的竞争和永无止境的欲望，使人们承受着越来越重的压力，既然压力不可避免，那么就让我们与压力共舞吧！

随缘的人生自在多——人生变化无常，你要学会随缘

随缘心语：

人作为社会成员之一，不可避免地会遇到各种挫折和打击，会产生诸如愤怒、悲伤、恐惧等各种消极情绪。遇到这种情况，应采取一定的方式宣泄这些不良情绪，如通过倾诉、抗争、转移注意力等方式，尽量减少采用否认、退缩等方式解决矛盾。

随缘

10. 我们要习惯失去，珍惜拥有

有个人因生意失败，不但花光了自己所有的积蓄，还欠了一屁股债。他像只斗败的公鸡，失去了生活的勇气和信心，终日陷入心烦意乱和无尽的忧虑中。可是一次偶遇改变了这一切。有一天，他在街上走着的时候，看到迎面过来一个没有双腿的人，他坐在一块小木板上，木板装在有四个轮子的溜冰鞋上，两手各拿一块木板在地面上支撑滑动前进。过了街，他把自己抬高几英寸以越过马路到达人行道。当他费力地抬高他身下的木板时，他看见了这个失意的人，并向他粲然一笑。

"早上好，先生！今天天气不错。"他的声音里充满了活力。这个充满失意的人看着他，不禁感叹自己是多么富有。和他相比，自己至少还有两条腿可以走路，那一刻，这个人禁不住对自己的消沉感到羞耻。他告诉自己，一个失去了双腿的人还能这么开心、快乐并充满自信，而自己还有一双好腿，为什么都不能做到？他顿时觉得信心十足起来。本来他只想着试试看能不能再找份工作，但现在，他有信心宣布自己要去找份工作。结果，他如愿以偿。

这个人回去后郑重地在自己的书房里挂上一幅字：我正在因为没有鞋而难过，直到我遇见一个没有双脚的人。

现在这个人又重新有了自己的公司，他每天都很快乐地去做事情。他这副快乐的好形象，赢得了下属和周围人的喜爱，人们都乐意帮助他，因此他的公司发展得红红火火。

快乐是很简单的事，能活着本身就是一件值得快乐的事！生活中也要学会简单的快乐。

快乐把人们的忧郁、悲哀、烦闷、焦虑等全部驱逐出去，恰如太阳赶走黑暗一样。当面前站着一个快乐的人时，所有的谈话都变得活泼而生动，整个氛围都颤动着愉快和亲切。快乐会给我们健康的形象，同时快乐也是简单的。

快乐是健康的一剂良药，当我们的精神振奋、心境开阔时，人生便也有了新的意义。适量的运动及休息，是心情愉悦的必要因素。根据统计资料，有些科学家对他们所谓的催眠剂做过实验。他们让那些疲倦和年老的人服用这些药物，帮助他们休息。结果发现：这些人的生理组织功能提升，寿命延长，疾病不见了，相对地，他们也重新获得新的活力和生命的乐趣。

所以，要获得人生深度的乐趣，首先要自己感觉愉快。而要感觉愉快，就必须好好对待自己的身体。

大哲学家叔本华也说过："我们很少注意我们所拥有的，却总是想自己没有得到的，甚至是不可企及的。这种态度实在是世上令人遗憾的情形之一。它给人们精神带来的灾难恐怕足以和所有的战争、疾病相抗衡。"

古罗马的伊壁鸠鲁说："谁不知足，谁就不会幸福，即使他是世界的主宰也不例外。"只要每天想想自己拥有的老天赐予的诸多恩惠，我们就应该抛却忧虑，意气风发地去迎接每一轮新的朝阳。

随缘心语：

　　我们有家人，有朋友，有同学，有生活。我们拥有，也就必然会失去。过去的已经过去，现在的一切也终将成为过去，我们所能做的，只有珍惜现在的拥有，而不是沉湎于失去中。"塞翁失马，焉知非福"，也许我们正在失去的，是现在短暂的欢乐，也正是未来长久的痛苦。习惯失去，珍惜拥有，不论是曾经，现在，还是未来。拥有的时候百倍珍惜，失去的时候，我们才能无怨无悔。

随缘

卷二
得也好，失也好，不争随缘

人生起伏，得失难料。很多人从降生之日起就开始被灌输"争"的思想，争时间、争席位、争功劳、争对错、争拥有……总之，似乎凡事都想抢先一步，不想居于人后。"争"真的那么重要吗？《道德经》指出"圣人之道，为而不争"，此乃人生修养的最高境界。"不争"并不是让人无动于衷而无所作为，而是劝人们凡事要顺其自然，不要强取，得失随缘。这样的态度才能让人类少一些纷争，多一些崇高的精神境界。

1. 忍让一下，于人于己都有好处

人的烦恼一半源于自己，即所谓画地为牢，作茧自缚。芸芸众生，各有所长，各有所短。争强好胜超过一定限度，往往受身外之物所累，失去做人的乐趣。倒不如尽人事，听天命，过分争取，反倒不如随缘自得来的更有意义。

一位绅士过独木桥，刚走几步便遇到一个孕妇，绅士很礼貌地转过身回到桥头让孕妇过了桥。孕妇一过桥，绅士又走上了桥。走到桥中央又遇到了一位挑柴的樵夫，绅士二话没说，回到桥头让樵夫过了桥。第三次绅士再也不贸然上桥，而是等独木桥上的人过尽后，才匆匆上了桥。

眼看就到桥头了．迎面赶来一位推独轮车的农夫。绅士这次不甘心回头，摘下帽子，向农夫致敬："亲爱的农夫先生，你看我就要到桥头了，能不能让我先过去。"农夫不干，把眼一瞪，说："你没看我推车赶集吗？"话不投机，两人争执起来。这时河面漂来一叶小舟，舟上坐着一个胖和尚。和尚刚到桥下，两人不约而同地请和尚为他们评理。

和尚双手合十，看了看农夫，问他："你真的很急吗？"农夫答道："我真的很急，晚了便赶不上集了。"和尚说："你既然急着去赶集，为什么不尽快给绅士让路呢？你只要退那么几步，绅士便过去了，绅士一过，你不就可以早点过桥了吗？"

农夫一言不发，和尚便笑着问绅士："你为什么要农夫给你让路呢，就是因为你快到桥头了吗？"

绅士争辩道："在此之前我已给许多人让了路，如果继续让农夫的话，便过不了桥了。"

"那你现在是不是就过去了呢？"和尚反问道，"你既已经给那么多人让了路，再让农夫一次，即使过不了桥，起码保持了你的风度，何乐而不为呢？"绅士满脸涨得通红。

的确如此，双方只要心平气和地忍让一下，什么事都不会发生的。

随缘心语：

古人与人为善、修身立德的谆谆教诲警示世人，一个人唯胆量大、性格豁达方能纵横驰骋，若纠缠于无谓的鸡虫之争，非但有失儒雅，反而终日郁郁寡欢，神魂不定。唯有对世事时时心平气和、宽容大度，方能处处契机应缘、和谐圆满。

2. 我们的生活不可缺少等的感觉

有一次一位年轻人到关渡，看到有一群人，手里拿着望远镜，对着蓝天，对着那一片泥沼，对着那整片红树林望着。他不禁好奇地趋前问他们："你们在望什么啊？"

只见那些人理所当然地回答道："我们在等啊！"

"等？等什么呢？"

"等鸟飞过来！"

又有一次，这个年轻人到海边玩，看见许多人手里握着钓竿，面向大海，把线放得远远的，每个人的眼神都充满了笃定。

他便问其中的一人："你们面对大海，心里在想什么呢？"

那个人回答说："我们在等啊！"

"等什么？"

"等鱼儿！"

于是，年轻人也开始在生活中学习"等"的感觉。等着红灯变绿灯，等着太阳升起，等着夜晚变白天，等一种"沉淀"，他开始享受等待的美好感受了。

古时候人们曾用驴子推磨，但为了避免它懒惰不肯用力，就先把驴子的眼睛蒙起来，让它看不见，再将花生酱抹在驴子的鼻子上，驴子闻到香味，以为前面一定有好吃的食物，就会拼命往前冲。

在生活中，人们也常常在追逐着这个、追逐着那个，到头来往往也都是空忙一场，这跟驴子又有什么两样呢?

所以在我们的人生中有了"等"的期待，有了停一停、等一下的美好。很多人是不喜欢"等"的感受的。走在马路上，讨厌等红灯；搭公交车时，讨厌一站站地停；买东西时，讨厌排队结账；到馆子吃饭，更讨厌站着等位子。

然而，我们的生活不可缺少等的感觉。"等"可以使心情变得美好起来！试想，在音乐里如果没有休止符，那音乐就会变成刺耳的噪音：在一幅画里，如果没有空白那就是杂乱无章的垃圾；而人生中如果没有"等"的期待，就没有办法享受希望与梦想的美妙感受了。

在下雨时，我们等着太阳出来；当阳光透出云际的同时，我们等到了彩虹。然而，无论是等待时的希望，还是彩虹带给我们的美妙，都是我们人生中的美好感受啊！如果彩虹时刻挂在天空里，那我们还会觉得它是那样的美丽吗！

也许有时我们真的等不下去了，其实那是我们已经感到没有希望了，既然如此，那就没有必要再无望地等了，改变一下自己的方向，我们就可以开始新的一切了。当然，这还需要我们开始新的等待。

随缘心语：

生活中，由于有了等待，才会让我们在获得时感到更强烈的兴奋和感激。不要再为等待的漫长而倍感焦急，让我们的心情逐渐平静，去用平和的心境感受等待和希望的美妙。

3. 松开手才能拥有更多

不要耿耿于怀于你的失去，因为在你失去的同时你得到的是别样的永远。

在一个暴风雨的夜里，你驾车经过一个车站。车站里有三个人在等巴士，其中一个是病得快死的老妇人，一个是曾经救过你的命的医生，还有一个是你长久以来的梦中情人。如果你只能带上其中一个乘客走，你会选择哪一个？

答案里面说，很多人都只选了其中唯一一个选项，而最好的答案是，"把车钥匙给医生，让医生带老人去医院，然后我和我的梦中情人一起等巴士。"

是因为我们从来不想放弃任何好处吗，就像那车钥匙？有时候，如果我们可以放弃一些固执、限制甚至是利益，我们反而可以得到更多。这里有很多关于取和舍的深层问题。

什么才是最难舍弃的，是一种道义，还是一段感情？

为什么不能抛开和牺牲一些东西，而去获得另一些永恒？

就好比说，我不选择你，会后悔一辈子。其他的东西都可以抛弃，可我就是那么想和你有一场自始至终完美的相守。我这样说，你会做什么样的选择？

《卧虎藏龙》里李慕白对师妹说的一句话："把手握紧，什么都没有，但把手张开就可以拥有一切。"以退为进的道理谁都知道，可身体力行还是困难的。

无论你的选择是什么，你注定会失去一些东西，也注定会在失去的同时获得一些东西。其实有时会得到什么、失去什么，我们心里都很清楚，只是觉得每样东西都有它的好处所在，势均力敌，哪样都舍不得放手。

其实不是那样的。没有在同一情形下势均力敌的东西，它们总会有差别和轻重。你得选择那个对长远来说更重要的东西。有些东西，你以为这次放弃了，就再也不会出现了，可当你真的错过了，会发现它在日后仍然不断出现；而有些东西，你以为暂时放过它，它还会一再地出现，就像当初它来到你身边时那样，可真的一旦错过，它就是美景不再的回忆，就是日后无法回头的遗憾。

如果要是我们放弃的和想得到的都是好东西，那怎么办？那是因为我们太贪心。真的是这样，我们本质里都是贪心的，贪心常常蒙蔽真心。世界上不会有那么好的事，我们往往只能在某一时刻选择一样东西。

有一句老话"有所失必有所得"，也许这样才符合能量守恒的道理，也能显得老天比较公平。

我们无法看到未来具体将描绘成什么样子，但是应该明白自己的原则和底线。可以根据它们来作人生里的任何一次取舍，对自己既不委屈，也不纵容。而且很多的世事与感情是经不起一再的错过与等待的，必须在适当的时候作出一个选择，而不是等到无可奈何花落去的时候，再来体会那种悲凉。

如同抓一把沙子，你握得愈紧，沙子流失得愈多，松开手才能拥有更多。

随缘心语：

无论你的选择是什么，你注定会失去一些东西，也注定会在失去的同时获得一些东西。其实有时会得到什么、失去什么，我们心里都很清楚，只是觉得每样东西都有它的好处所在，势均力敌，哪样都舍不得放手。

随

缘

4. 做人要力争上游，但也要安心随缘

老子在《道德经》中说："安于应处的地位，心要像水那样深渊清静，与人交往要像水那样亲近自然，说话要有诚信，为政要像水那样自然有条理，做力所能及的事情，把握行动的时机。正因为不强求结果，才不会招致怨恨，不招致怨恨，才最终能够取胜。"老子这段话对人生的确有很大的指导意义。

做人要力争上游，但也要安心随缘。如果所要求之事不是自己力所能及的，那还是安心处于自己的位置比较好。如果非要强求，那就很可能不走正路，最终害人又害己。

唐朝诗人宋之问有一个外甥叫刘希夷，很有才华，是一个年轻有为的诗人。一日，希夷写了一首诗，曰《代白头吟》，到宋之问家中请舅舅指点。当希夷诵读到"古人无复洛阳东，今人还对落花风。年年岁岁花相似，岁岁年年人不同"时，宋情不自禁连连称好，忙问此诗可曾给他人看过，希夷告诉他刚刚写完，还不曾与人看。宋遂道："你这诗中'年年岁岁花相似，岁岁年年人不同'一句，着实令人喜爱，若他人不曾看过，让与我吧。"希夷言道："此二句乃我诗中之眼，若去之，全诗无味，万万不可。"晚上，宋之问睡不着觉，翻来覆去只是念这两句诗。心中暗想，此诗一面世，便是千古绝唱，名扬天下，一定要想法据为己有。于是便起

了歹意，命手下人将希夷活活害死。后来，宋之问获罪，先被流放到钦州，又被皇上勒令自杀，天下文人闻之无不称快！刘禹锡说："宋之问该死，这是天之报应。"

自古以来胸怀大志者多把求名、求官、求利当作终生奋斗的三大目标。三者能得其一，对一般人来说已经终生无憾；若能尽遂人愿，更是幸运之至。然而，从辩证法的角度看，有取必有舍，有进必有退，也就是说，有一得必有一失，任何获取都需要付出代价，问题在于付出的值不值得。为了公众事业、民族和国家的利益，为了家庭的和睦，为了自我人格的完善，付出多少都值得，否则，付出越多越可悲。

在中世纪的意大利，有一个叫塔尔达利亚的数学家，在国内的数学擂台赛上享有"不可战胜者"的盛誉，他经过自己的苦心钻研，找到了三次方程式的新解法。这时，有个叫卡尔丹诺的人找到了他，声称自己有千万项发明，只有三次方程式对他是不解之谜，并为此而痛苦不堪。善良的塔尔达利亚被哄骗了，把自己的新发现毫无保留地告诉了他。谁知，几天后，卡尔丹诺以自己的名义发表了一篇论文，阐述了三次方程式的新解法，将成果据为己有。他的做法在相当一个时期里欺瞒住了人们，但真相终究还是大白于天下了。现在，卡尔丹诺的名字在数学史上已经成了科学骗子的代名词。

宋之问、卡尔丹诺等也并非无能之辈，他们在各自的领域里都是很有建树的人。就宋之问来说，纵不夺刘希夷之诗，也已然名扬天下。糟的是，人心不足，欲无止境！俗话说，钱迷心窍，岂不知名也能迷住心窍。一旦被迷，就会使原来还有一些才华的"聪明人"变得糊里糊涂，使原来还很清高的文化人变得既不"清"也不"高"，做起连老百姓都不齿的肮脏事情，以致弄巧成拙，美名变成恶名。

求名并无过错，关键是不要死死盯住不放，盯花了眼。那样，必然会走上沽名钓誉、欺世盗名之路。

有时，既未沽，也未钓，更未盗，美名便戴到了自己的头顶，这又当如何呢？

著名的京剧演员关肃霜，有一天在报纸上看到一篇题为：《关肃霜等九名演员义务赡养失子老人》的报道，同时收到了报社寄来的湖北省委顾问李尔重写的《赞关肃霜等九同志义行之歌》的诗稿校样。这使她深感不安。原来，京剧演员于春海去世后，母亲和继父生活无靠，剧团的团支部书记何美珍提议大家捐款义务赡养老人，这一活动持续了23年，关肃霜开始并不知晓，是后来知道并参加的。但报道却把她说成了倡导者，这就违背了事实。关肃霜看到报道后，立即委托组织给报社写信，请求公开澄清事实。李尔重也尊重关肃霜的意见，将诗题改成"赞云南省京剧院施沛、何美珍等26位同志"。

第二次世界大战期间，美军与日军在依洛吉岛展开了激战，最后将日军打败，把胜利的旗帜插在了岛上的主峰，心情激动的陆战队员们在欢呼声中把那面胜利的旗帜撕成碎片分给大家，以作终生的纪念。这是一个十分有意义的场面，后赶来的记者打算把它拍下来，就找来六名战士重新演出这一幕。其中有一个战士叫海斯，是一个在战斗中表现极为普通的人，可是由于这张照片的作用，使他成了英雄，在国内得到一个又一个的荣誉，他的形象也开始印在邮票、香皂等上面，家乡也为他塑了雕像。这时他的内心是极为矛盾的：一方面陶醉在赞扬中，一方面又怕真相被揭露；同时，由于自己名不副实，又总是处在一种内疚、自愧之中。在这样的心理状态下，他每天只好用酒来麻醉自己。终于，在一天夜里，他穿好军装，悄悄地离开了对他充满赞歌的人世。

同样得到了飞来之美名，关肃霜和海斯的态度不同，结局也各异。还是东坡先生说得好："苟非吾之所有，虽一毫而莫取。"美名美则美矣！只是对于那些还有一点正义感、有一点良知的人来说，面对不该属于他们的美名，受之可以，坦然却未必办得到！得到的是美名，得到的也是一座沉重的大山、一条捆缚自己的锁链，早晚会被压垮，压得喘不上气来。像关肃霜，就活得真实、活得轻松、活得自在、活得安然。

随缘心语：

做人要力争上游，但也要安心随缘。如果所要求之事不是自己力所能及的，那还是安心处于自己的位置比较好。如果非要强求，那就很可能不走正路，最终害人义害己。

5. 愈是有本领的人，愈是不需要别人的夸奖

欧洲有一句著名格言说："愈是喜欢受人夸奖的人，愈是没有本领的人。"反之，我们也可以说："愈是有本领的人，愈是不需要别人的夸奖。"

中国人常说，有本事要让别人去说。一个真正成功的人是不喜欢自吹自擂的，因为别人的眼睛要比你的眼睛亮得多。就像1999年举行的那场世纪拳王大赛一样，虽然这场比赛被判为平局，但明眼人一看就知道是刘易斯获胜的，真正的拳王当是刘易斯，霍利菲尔德再怎样吹嘘也是没用的。

"不自见故明，不自是故彰，不自伐故有功，不自矜故长。夫唯不争，故天下莫能与之争，古之所谓曲则全者，岂虚言哉！诚全而归之。"这是老子《道德经》中的一句话。南怀瑾先生说："老子把我们老祖宗传统文化的原则抓住，指出做人处世与自利利人之道——'曲则全'。为人处世，善于运用巧妙的曲线，只此一转，便事事大吉了。是的，凡事不要刻意，越是直接地表现，有时越达不到效果，越是想彰显自己的美名，往往美名越得不到流传。"如此可见，得与不得，自然天成，应自在随缘。

美国南北战争时，北军格兰特将军和南军李将军率部交锋，经过一番空前激烈的血战后，南军一败涂地，溃不成军，李将军还被送到爱浦麦特

城去受审，签订降约。

格兰特将军立了大功后，是否就骄奢放肆、目中无人起来了呢？没有！他是一个胸襟开阔、头脑清晰的大人物，他绝不会做出这种丧失理智的行为来！

他很谦恭地说："李将军是一位值得我们敬佩的人物。他虽然战败被擒，但态度仍旧镇定异常。像我这种矮个子，和他那六尺高的身材比较起来，真有些相形见绌。他仍是穿着全新的、完整的军服，腰间佩着政府奖赐他的名贵宝剑，而我却只穿了一套普通士兵穿的服装，只是衣服上比士兵多了一条代表中将官衔的条纹罢了。"

这一番谦虚的话在人们听来，远比数次的自吹自擂好得多。唯有对自己的成就产生疑问的人，才爱在人家面前吹牛，以掩饰那些令人怀疑的地方。一个真正成功的人是不必自我吹嘘自我炫耀的，因为你的成绩、你的成功，别人会比你看得更清楚，而且会记在心上。

也许你以为格兰特将军的自谦固然值得赞美，而李将军身为败将，居然也昂首挺胸、衣冠整齐，似乎有些骄傲吧？其实不然，李将军虽然战败，但仍能坦然忍受耻辱，这正是他勇敢坚毅的地方。他这样做，是表示他把失败当作一种经验，而非一种耻辱，如果能再给他一次机会的话，他仍能挺身奋战、争取光荣。所以他也可以说是不失为一位伟大军人的风度。他之所以与格兰特持相反的态度，并非不肯谦虚，实在是由于两人所处的环境不同。

格兰特将军不但赞美了李将军的态度，而且也没有轻视他的战绩。他认为自己的成功和李将军的失败是综合因素所造成的。他说："这次胜负是由极凑巧的环境决定的，当时敌方军队在弗吉尼亚，几乎天天遇到阴雨天气，害得他们不得不陷在泥淖中作战。相反的，我们军队所到之处，几乎每天都是好天气，行军异常方便，而且有许多地方往往是在我军离开一两天后便下起雨来，这不是幸运是什么呢！"

格兰特将军把一场决定最后命运的大胜利归功于天气和命运，这正表示他有充分的自知之明，始终没有被名利的欲念所埋没。曾经有人说："愈是不喜欢接受别人赞誉的人，愈是表示他知道自己的成功是微不足道的。"

假使你常常为芝麻大的小事而得意忘形，接受别人的称赞，自己拍自己的肩膀，把它当作一桩了不得的事情，那你无疑是在欺骗自己，就像那些被魔术欺骗了的观众一样。从此你将走上失败之路，因为你早已没有自知之明，盲人骑着瞎马乱闯，怎么会有成功的希望呢？

实际上，只要我们仔细思考，就知道我们90％的成功其实有不少机遇的成分夹杂在里边，我们应该看清这些机遇所在，将来如有同样事情发生，又缺乏这些机遇时，知道怎样应对。

随缘心语：

凡事不要刻意，越是直接地表现，有时越达不到效果，越是想彰显自己的美名，往往美名越得不到流传。

6. 很多事，不需要放在心上

对于每个人来说，烦恼、痛苦都是难免的，而一些人往往太过于计较，认为这是自己的不幸，生活没有快乐可言。其实只要我们学会包容，用心去领悟生活的内涵，珍惜所拥有的幸福，对一些小事挥挥手，不去在意，用大海般的胸怀去容纳一切，人生的境界就会从此不同。

有一对夫妇，吃饭闲谈时，妻子兴之所至，一不小心冒出一句不大顺耳的话来。不料丈夫细细地分析了一番，于是心中不快，与妻子争吵起来，直至掀翻了饭桌，拂袖而去。

在我们的生活中，这样的例子并不少见，细细想来，当然是以小失大，得不偿失的。我们不得不说，他们实在有点小心眼，太在意身边那些琐事了。其实，许多人的烦恼，并非是由多么大的事情引起的，而恰恰是来自对身边一些琐事的过分在意、计较和较真。

比如，在有些人那里，别人说的话，他们喜欢句句琢磨，对别人的过错更是加倍抱怨；对自己的得失喜欢耿耿于怀，对于周围的一切都易于敏感，而且总是曲解和夸大外来信息。这种人其实是在用一种狭隘、幼稚的认知方式，为自己营造着可怕的心灵监狱，这是十足的自寻烦恼。他们不仅使自己活得很累，而且也使周围的人活得很无奈，于是他们给自己编织了一个痛苦的人生。

要知道，人生中这种过于在意和计较的毛病一旦养成，天长日久，许多小烦恼就会铸成大烦恼。其实，在这一点上，古代的智者们早已有了清醒而深刻的认识，早在两千多年前，雅典的政治家伯里克利斯就向人们发出振聋发聩的警告："注意啊，先生们，我们太多地纠结于小事了！"以后，法国作家莫鲁瓦更深刻地指出："我们常常为一些应当迅速忘掉的微不足道的小事所干扰而失去理智，我们活在这个世界上只有几十个年头，然而我们却为纠结于无聊琐事而白白浪费了许多宝贵时光。"这话实在发人深思。过于在意琐事的毛病严重影响了我们的生活质量，使生活失去光彩。显然，这是一种最愚蠢的选择。

从台湾归来定居的111岁老人陈椿有一句话说得极妙："一件事，想通了是天堂，想不通就是地狱。既然活着，就要活好。"其实，有些事是否能引来麻烦和烦恼，完全取决于我们自己如何看待和处理它。所谓事在人为，结果就大相径庭。因此，美国的心理学家戴维·伯恩斯提出了消除烦恼的"认知疗法"——通过改变人们对于事物的认识方式和反应方式来避免烦恼和疾病。这就需要我们首先要学会不在意，换一种思维方式来面对眼前的一切。

不在意，就是别总拿什么都当回事，别去钻牛角尖，别太要面子，别事事"较真"、小心眼；别把那些鸡毛蒜皮的小事放在心上；别过于看重名与利的得失；别为一点小事而着急上火，动辄大喊大叫，以至因小失大，后悔莫及；别那么多疑敏感，总是曲解别人的意思；别夸大事实，制造假想敌；别把与你爱人说话的异性都打入"第三者"之列而暗暗仇视之；也别像林黛玉那样见花落泪、听曲伤心、多愁善感，总是顾影自怜。

要知道，人生有时真的需要一点大气。不在意，也是在给自己设一道心理保护防线。不仅不去主动制造烦恼的信息来自我刺激，而且即使面对一些真正的负面信息、不愉快的事情，也要处之泰然，置若罔闻，不屑一顾，做到"身稳如山岳，心静似止水"，"任凭风浪起，稳坐钓鱼台"。

这既是一种自我保护的妙法，也是一种坚守目标、排除干扰的妙策。我们的精力毕竟有限，假如处处纠缠琐事，被小事所累，我们一生必将一事无成。不在意，也是一种豁达、大度与包容。有宽广的胸怀和气度，是很容易告别琐屑与平庸的。而当你实现豁达与包容，自然会产生轻松幽默，从而洋溢出一种性格的魅力。

不在意，最终体现的是一种修养，一种高贵的人格，一种人生大智慧。那些凡事都与人计较、锱铢必争的人，自以为很聪明，其实是以小聪明干大蠢事，占小便宜惹大烦恼；而不在意，乃是不争，无为之为，大智若愚，其乐无穷！

不在意的人，是超越了自我的人，也是活得潇洒的人。因为免了琐事的羁绊和缠绕，也就使自己获得了解放，自有一片自由的天地任你驰骋。

随缘心语：

不在意，就是别总拿什么都当回事，别去钻牛角尖，别太要面子，别事事"较真"、小心眼；别把那些鸡毛蒜皮的小事放在心上；别过于看重名与利的得失；别为一点小事而着急上火，动辄大喊大叫，以至因小失大，后悔莫及；别那么多疑敏感，总是曲解别人的意思；别夸大事实，制造假想敌；别把与你爱人说话的异性都打入"第三者"之列而暗暗仇视之；也别像林黛玉那样见花落泪、听曲伤心、多愁善感，总是顾影自怜。

7. 生命中吃点亏算什么

在中国传统思想中，有"吃亏是福"一说。这是中国哲人所总结出来的一种人生观。它包括了愚笨者的智慧、柔弱者的力量，领略了生命含义的旷达和由吃亏退隐而带来的安稳宁静。

如果我们知道福祸常常是并行不悖的，而且福尽则祸亦至，而祸退则福亦来的道理，那么，我们就真的应该采取"愚""让""怯""谦"这样的态度来避祸趋福。所以"吃亏是福"不失为人生一种特殊的处世哲学。

"吃亏是福"也是一种生活的艺术。"吃亏"大多是指物质上的损失。倘使一个人能用外在的吃亏换来心灵的平和与宁静，那无疑就获得了人生的幸福。记不清哪位哲人曾写下下面这段令人叫绝的文字，的确是对"吃亏是福"的最好诠释。在此引用，以与大家共赏：

"人，其实是一个很有趣的平衡系统。当你的付出超过你的回报时，你一定取得了某种心理优势；反之，当你的获得超过了你付出的劳动，甚至不劳而获时，便会陷入某种心理劣势。很多人拾金不昧，决不是因为跟钱有仇，而是因为不愿意被一时的贪欲搞坏了好心情。一言以蔽之：人没有无缘无故的得到，也没有无缘无故的失去。有时，你是用物质上的不合算换取精神上的超额快乐。也有时，看似占了金钱便宜，却同时在不知不觉中透支了精神的快乐。所以先哲强调：吃亏是福。"

现实生活中，很多人以低调的姿态做着各种各样的好事，在不同的程度上，他们当然就是我们常说的"圣人"。

吃亏是福，生命中吃点亏算什么？吃亏了能换来非常难得的和平与安全，能换来身心的健康与快乐，吃亏又有什么不值得的呢？况且，在吃亏后和平与安全的时期之内，我们可以重新调整我们的生命，并使它再度放射出绚丽的光芒。

"吃亏是福"的信奉者，同时也一定是一个"和平主义"的信仰者。林语堂在《生活的艺术》中对所谓"和平主义者"这样写道："中国和平主义的根源，就是能忍耐暂时的失败，静待时机，相信在万物的体系中，在大自然动力和反动力的规律运行之上，没有一个人能永远占着便宜，也没有一个人永远做'傻子'。"

大智者，常常是若愚的。而且，唯有其"若愚"，才显其"大智"本色。其中的"若"这个字在这里很重要，是"像"的意思，而不是"是"的意义。

因此，人最难做到的，即"吃亏是福"的前提，一个是"知足"，另一个就是"安分"。"知足"则会对一切都感到满意，对所得到的一切，内心充满感激之情；"安分"则使人从来不奢望那些根本就是不可能得到的或根本就不存在的东西。没有妄想，也就不会有邪念。所以，表面上看来"吃亏是福"以及"知足""安分"会予人以不思进取之嫌，但是，这些思想也是在教导人们能成为对自己有清醒认识的人，做一个清醒正常的人。因为，一个非常明白的事实——即不需要任何理论就可以证明的是，一切的祸患，不都是在于人的"不知足"与"不安分"，或者说是不肯吃亏上吗？所以，保持随缘的知足心，能得多少是多少，即使吃亏也不争，这样反倒会让你保持平和安泰。

随缘心语：

　　吃亏是福，生命中吃点亏算什么？吃亏了能换来非常难得的和平与安全，能换来身心的健康与快乐，吃亏又有什么不值得的呢？况且，在吃亏后和平与安全的时期之内，我们可以重新调整我们的生命，并使它再度放射出绚丽的光芒。

8. 人的心意不会因为争论而改变

当对问题产生分歧时，没头没脑的争论是无济于事的。争论的结果会使双方比以前更相信自己是正确的。要是输了，当然你就输了；如果你赢了，还是输了。为什么？如果你把对方攻击得千疮百孔，一无是处，那又怎么样？你也许会洋洋自得，但他呢？你伤了他的自尊，他会怨恨你的胜利。

真正使他人认同你的方法不是争论，人的心意不会因为争论而改变。那么，如何赢得别人的认同呢？你要明确，你要的并不是表面上的胜利，而是别人的好感，一种发自内心的感觉，进而有助于目标的达到，那就不妨抱着一种随缘的心态，可以巧妙地影响别人，但不可过于计较结果。以下是具体的建议：

（1）欢迎不同的意见。当两个人的意见总是相同的时候，其中之一就不需要了。如果有些地方你没有想到，而有人提出来的话，你就应该衷心感谢。不同的意见是你避免重大错误的最好机会。

（2）要提防你直觉的印象。当有人提出不同意见的时候，你第一个自然的反应是自卫。你要慎重，保持平静，并且小心你的直觉反应。这可能是你最差劲的地方，而不是最好的地方。

（3）控制你的脾气。记住，你可以根据一个人在什么情况下发脾气的情形来测定这个人的度量和成就究竟有多大。

（4）先听为上。让你的反对者有说话的机会。让他们把话说完，不要抗拒、防护或争辩。否则的话，只会增加彼此沟通的障碍。努力建立了解的桥梁，不要再加深误解。

（5）寻找同意的地方。在你听完了反对者的话以后，首先去想你同意的意见。

（6）要诚实。承认你的错误，并且老实地说出来，为你的错误道歉。这样可以有助于解除对立者的武装和减少他们的防卫。

（7）仔细考虑反对者的意见。你的反对者提出的意见可能是对的，在这时，同意考虑他们的意见是比较明智的做法。如果等到反对者对你说："我们早就要告诉你了，可是你就是不听。"那你就难堪了。

（8）为反对者关心你的事情而真诚地感谢他们。任何肯花时间表达不同意见的人，必然和你一样对同一件事情感到关心。把他们当作要帮助你的人，或许就可以把你的反对者转变为你的朋友。

（9）推迟采取行动的时间，让双方都有时间把问题考虑清楚。建议当天稍后或第二天再举行会议，这样所有的事实才可能都考虑到了。在准备举行下一次会议的时候，要问问自己：

反对者的意思可不可能是对的？还是有部分是对的？他们的立场或理由是不是有道理？

我的反应到底在减轻问题或只不过是在减轻一些挫折感而已？

我的反应会使我的反对者远离我还是亲近我？

我的反应会不会提高别人对我的评价？

我将会胜利还是失败？如果我胜利了，我将要付出什么样的代价？

如果我不说话，不同的意见就会消失吗？

这个难题会不会是我的一次机会？

再看下面的这两个故事：

皮尔士的婚姻差不多有50年之久了。一次他说："我太太和我在很久以前就订下了协议，不论我们对对方如何愤怒不满，我们都一直遵守着这项协议。这项协议是：当一个人大吼的时候，另一个人就应该静听——因为当两个人都大吼的时候，就没有沟通可言了，有的只是噪音和震动。"

艾里克是木材公司的推销员，他承认，多年来，他总是能明白地指出那些脾气大的木材检验人员的错误。他虽然赢得了辩论，可是一点好处也没有。"因为那些检验员，"艾里克说，"和棒球裁判一样，一旦判决下去，绝不肯更改。"艾里克看出，他虽口舌获胜，却使公司损失了成千上万的金钱。因此，他决定改变技巧，不再与人争辩了。

"有一天早上，我办公室的电话响了。一位焦躁愤怒的主顾，在电话那头抱怨我们运去的一车木材完全不合乎他们的规格。他的公司已经下令车子停止卸货，请我们立刻安排把木材搬回去。在木材卸下1/4之后，他们的木材检验员报告说，55％不合规格。在这种情况下，他们拒绝接受。

"我立刻动身到对方的工厂去。途中，我一直在寻找一个解决问题的最佳办法。通常，在那种情形下，我会以我的工作经验和知识，引用木材等级规则，来说服他的检验员，那批木材超出了水准。然而，我又想，还是把课堂上学到的做人处世原则动用一番看看。

"我到了工厂，发现采购主任和检验员闷闷不乐，一副等着抬杠吵架的姿态。我们走到卸货的卡车旁，我要求他们继续卸货，让我看看情形如何。我请检验员继续把不合规格的木料挑出来，把合格的放到另一堆。事情进行了一会儿，我知道了原因，原来他的检查太严格，而且也把检验规则弄错了。那批木料是白松，虽然我知道那位检验员对硬木的知识很丰富，但检验白松却不够格，经验也不多。白松碰巧是我最内行的，但我有对检验员评定白松等级的方式提出反对意见吗？绝对没有。我继续观看，慢慢地开始问他某些木料不合标准的理由何在，我一点也没有暗示他检查错了。我强调，我请教他，只是希望以后送货时，能确实满足他们公司的要求。

"以一种非常友好而合作的语气请教他，并且坚持要他把不满意的部分挑出来，使他高兴起来，于是我们之间的剑拔弩张情绪开始松弛消散了。偶尔我小心地提问几句，让他自己觉得有些不能接受的木料可能是合乎规格的，也使他觉得他们的价格只能要求这种货色。但是，我非常小心，不让他认为我有意为难他。渐渐地，他的整个态度改观了。最后他坦白承认，他对白松木的经验不多，并且问我从车上搬下来的白松板的问题。我就对他解释为什么那些松板都合乎检验规格，如果他还认为不合用，我们会把木材拉走。他终于到了每挑出一块不合用的木材，就有罪恶感的地步。最后他看出，错误是在他们自己没有指明他们所需要的是多好的等级。最后的结果是，在我走了之后，他重新把卸下的木料检验一遍，全部接受了，于是我们收到了一张全额支票。

"单以这件事来说，运用一点小技巧，以及尽量制止自己指出别人的错误，就可以使我们公司在实质上减少一大笔现金的损失，而我们所获得

随缘的人生自在多——人生变化无常，你要学会随缘

的良好关系，则非金钱能衡量。"

随缘心语：

减少争论，积极地想办法解决问题，用一种随缘的态度，不是不努力，而是不强求，用更巧妙的方式解决问题，这样比争论有效多了。

随缘

9. 把心放开，活得自在

《庄子·逍遥游》中写了个叫宋荣子的人，世上的人们都赞誉他，他不会因此得意忘形，世上的人们都非难他，他也不会因此而沮丧。可见，他能清楚地划定自身与外物的区别，辨别荣誉与耻辱的界限。

为了在世俗生活中更好地保全自我和实现自我，为了更加淡定地生活，超世的精神与情怀是不可少的。超世也就是超然世外，不关心世事的发展及其结果，也不以世俗荣辱为荣辱、是非为是非。有了这一份超然，生活自会一派安然。

荣辱观是中华传统伦理学中最基本、最一般的道德范畴，儒道两家都谈到了它。管仲说："仓廪实而知礼节，衣食足而知荣辱。"南宋学者吕本中说："当官之法唯有三事：曰清、曰慎、曰勤。知此三者，可以保禄位，可以远耻辱，可以得上之知，可以得下之援。"

由于荣宠和耻辱的降临往往象征着个人身份地位的变化，所以，人们得宠之时也就是春风得意之时，他们当然唯恐一朝失去，就不免时时处于自我惊恐之中。

得宠的人怕失宠的心理是正常的。一般来说，一个飞黄腾达的人是较少受辱的，所以，一个人在受辱的时候也往往意味着他个人地位的降低或低下。与得宠的荣耀相比，受辱当然是一件丢人脸面的事情，人们普遍认为是一件下贱事，所以，得失之间都不免惊慌失措。另外，当一个人功成名就的时候，容易欣喜若狂，甚至得意忘形，这就为受辱埋下了祸根，因为他对成就太在意了。所以古代的一些圣者都讲求淡泊名利，这成了保全自己的方法，更是一种修养。

随缘的人生自在多——人生变化无常，你要学会随缘

一天，古希腊哲学家第欧根尼在晒太阳，亚历山大皇帝对他说："你可以向我请求你所要的任何恩赐。"第欧根尼躺在酒桶里伸着懒腰说："靠边站，别挡住我的太阳光。"

亚历山大托人传话给第欧根尼，想他去马其顿接受召见。第欧根尼回信说："若是马其顿国王有意与我结识，那就让他过来吧，因为我总觉得，雅典到马其顿的路程并不比马其顿到雅典的路程近。"

还有一次，亚历山大问第欧根尼："你不怕我吗？"第欧根尼反问道："你是什么东西，好东西还是坏东西？"答："好东西。"第欧根尼说："又有谁会害怕好东西呢？"

征服过那么多国家与民族的亚历山大，却无法征服第欧根尼，他很佩服地感叹道："我如果不是国王的话，我就去做第欧根尼。"

一般情况下，你受宠，是你的能力得到了施展，受人器重，这对你自身、对社会都有益处，尽管这种惊喜仅仅出现在你本人和家人身上。人一旦失宠，如果能保持几分理性，自然能看得开一些，那种惊恐心态也会弱化一些。

庄子说，幸福比羽毛还轻飘，没人知道怎么取得；灾祸比大地还要重，没人知道怎么回避。庄子借楚国狂人接舆之口呼吁："在人前用德来炫耀，真危险啊！真危险啊！"

现实中，就有一些人想不开，总以为自己是有功之臣，就得永远享受优厚的待遇。一些人为了升官，只顾走上层路线，希望得到领导的培养，领导说他有发展前途，他兴奋得几夜睡不着觉，可是等了又等，却不见领导来提拔他，他又不知失眠了多少夜。所以，受宠若惊对身体太有害了。

洪应明在《菜根谭》中说："宠辱不惊，闲看庭前花开花落；去留无意，漫随天外云卷云舒。"一个人对于一切荣耀与屈辱无动于衷，用安静的心情欣赏庭院中的花开花落；对于官职的升迁得失都漠不关心，冷眼观看天上浮云随风聚散，那活得多自在啊。

庄子说："鹪鹩巢于深林，不过一枝；偃鼠饮河，不过满腹。"人活在世上，总想比别人有权，比别人有势，可欲望难以满足，祸患便与之相

伴。所以，不如把心放开，繁闹喧哗声后，大起大落之后，淡然地回首过去，平静地迎接将来，这就是难得的好日子了。

随缘心语：

超世也就是超然世外，不关心世事的发展及其结果，也不以世俗荣辱为荣辱、是非为是非。有了这一份超然，生活自会一派安然。

随

缘

10. 抵死相争争不得，远离争斗反得利

老子在《道德经》中说："夫唯不争，故天下莫能与之争。"这句话的意思是，正因为不与人相争，所以遍天下没人能与他相争。

可惜的是，真正能醒悟和运用这句话的人很少。在名利权位甚至是职称评定等面前，人们忘乎所以，一个个像乌眼鸡似的，恨不得你吃了我，我吃了你。可到头来，那些争得你死我活的精明人，大都落得个遍体鳞伤、两手空空，有的甚至身败名裂、命赴黄泉。

某部门部长退休在即，围绕这个即将空出的部长"宝座"，部门里斗得乌烟瘴气。资历老一点的以资历为卖点，学历高一点的以学历为骄傲……各自表功，又互拆台面。单位里一时鸡飞狗跳，一片狼藉。最后，组织上任命没有参与这场争斗的老王为代部长，半年后，老王正式成为部长。此事似乎在大家的意料之外，细细推敲，却是情理之中。

三国时的曹操，很注重接班人的选择。长子曹丕虽为太子，但次子曹植更有才华，文章名满天下，很受曹操器重。于是曹操产生了换太子的念头。

曹丕得知消息后十分恐慌，忙向他的贴身大臣贾诩讨教。贾诩说："愿您有德性和度量，像个寒士一样做事，兢兢业业不要违背做儿子的礼数，这样就可以了。"曹丕深以为然。

一次曹操亲征，曹植又在高声朗诵自己作的歌功颂德的文章来讨父亲

欢心，并显示自己的才能。而曹丕却伏地而泣，跪拜不起，一句话也说不出。曹操问他什么原因，曹丕便哽咽着说："父王年事已高，还要挂帅亲征，作为儿子心里又担忧又难过，所以说不出话来。"

一言既出，满朝肃然，都为太子如此仁孝而感动。相反，大家倒觉得曹植只晓得为自己扬名，未免华而不实，有悖人子孝道，作为一国之君恐怕难以胜任，毕竟写文章不能代替道德和治国才能吧。结果还是"按既定方针办"，太子还是原来的太子。曹操死后，曹丕顺理成章地登上魏国皇帝的宝位。

其实刚开始时，曹丕是极不甘心自己的太子之位被弟弟夺走的，他想拼死一争，却又明知自己的才华远在曹植之下，胜数极微，一时竟束手无策。但他毕竟是个聪明人，经贾诩的点化，脑瓜顿时开窍，运用大智若愚的战术：争是不争，不争是争。与其争不赢，不如不争，我只需恪守太子的本分，让对方一个人尽情去表演吧，以短克长，以愚对智。最后，这场兄弟夺帝位之争，以不争者胜而告终。

曹丕以不争而保住太子之位，而东汉的冯异则以不争而被封侯。

西汉末年，冯异全力辅佐刘秀打天下。一次，刘秀被河北五郎围困时，不少人背离他而去，冯异却更加恭事刘秀，宁肯自己饿肚子，也要把找来的豆粥、麦饭进献给饥困之中的刘秀。河北之乱平定后，刘秀对部下论功行赏，众将纷纷邀功请赏，冯异却独自坐在大树底下，只字不提饥中进贡食物之事，也不报请杀敌之功。人们见他谦逊礼让，就给他起了个"大树将军"的绰号。尔后，冯异又屡立赫赫战功，但凡以功论赏，他都退居廷外，不让刘秀为难。

公元26年，冯异大败赤眉军，歼敌八万人，使对方主力丧失殆尽，刘秀驰传玺书，要论功行赏，"以答大勋"，冯异没有因此居功自傲，反而马不停蹄地进军关中，讨平陈仓、箕谷等地乱事。嫉妒他的人诬告他，刘秀不为所惑，反而将他提升为征西大将军，领北地太守，封阳夏侯，并在冯异班师回朝时，当着公卿大臣的面，赐他以珠宝钱财，又讲述当年豆粥、麦饭之恩。令那些为与冯异争功而进谗言者，羞愧得无地自容。

再讲个有关老百姓自己的故事。古时江南有一个大家族，老爷子年轻时是个风流种，养了一大群妻妾，生下一大堆儿子。眼看自己一天比一天老了，他心想：这么大的家当总得交给一个儿子来管吧。可是，管家的钥匙只有一把，儿子却有一大群。于是，儿子们斗得你死我活，不亦乐乎。这时，只有一个儿子默默地站在一边，只帮老爷子干事，从不参与争斗。争来斗去，老爷子终于想明白了，这把钥匙交给了这群争吵的儿子中的任何一个他都会管不好。最后，老爷子将钥匙交给了不争的那个儿子。

有道是：人不为己，天诛地灭。此话虽然有些过头，但是在职场之中，并没有那么多的温情脉脉，争名夺利的事情时常发生，有人为的圈套，也有自然的陷阱，它们如同一个巨大的漩涡，把无数人都卷了进去。

对此，最明智的做法是，迅速远离它！因为，在横渡江河时，只有远离漩涡的人，才会最先登上彼岸。

随缘心语：

在名利权位甚至是职称评定等面前，人们忘乎所以，一个个像乌眼鸡似的，恨不得你吃了我，我吃了你。可到头来，那些争得你死我活的精明人，大都落得个遍体鳞伤、两手空空，有的甚至身败名裂、命赴黄泉。

卷三
贫也好，富也好，知足随缘

对财富的追求不可过度，尽人力，随缘分，可得便得，不可得不可硬得。要懂得知足常乐，知足使人感到平静、安详、达观、超脱。什么是知足？就是说，要知不可行而不行。什么时候可以不知足？在于可行而必行之。过度追求便是勉为其难，其结果未必乐观啊！

1. 富贵如过眼烟云随时散

一个人如果太爱富贵，那么就会被富贵所控制住。

汉武帝在位的时候，朝中有三位十分出名的大臣：汲黯、公孙弘和张汤。这三个人中，汲黯进京供职时，已经有很深的资历，而且官职也很高了。当时公孙弘和张汤还是很小的官，而且职位相当低，但这两个人被提拔得很快。后来公孙弘被拜为相国，而张汤也成了御史大夫，官职都在汲黯之上。

汲黯看到这两个曾经的小官，现在居然在自己之上，心里特别不服气，于是很想找个机会去找汉武帝评评理。

有一天．散朝以后所有的大臣都退了出去，汉武帝也正准备回宫。汲黯赶紧上前去对汉武帝说，他有话要讲。汉武帝问有什么事。

汲黯说："农夫堆积柴草时，总是把先搬来的柴草放在底层，把后搬来的放在上面．不知道陛下觉不觉得那先搬来的柴草太委屈？"

汉武帝一听就明白了汲黯的意思，但他故意想让汲黯自己说出他的想法。

汲黯看到汉武帝很是感兴趣，于是大胆地说："公孙弘、张汤原来只不过是小官．无论是资历还是基础都远在微臣之下，但是现在他们都一个个后来居上，职位也比微臣高了许多，陛下这样来提拔官吏和那堆放柴草的农夫又有什么分别？"

汉武帝听了很不高兴，觉得汲黯太不通情理了，于是什么话都没有说，拂袖而去。后来他对汲黯更加置之不理，而汲黯在官职上也只能原地踏步了。

汲黯把富贵看得太重了，并不是上进的表现。

其实富贵是实现自己梦想的资源，它不过是个手段，而不是结果，所以，不必苛求富贵。如果谁拿富贵去当结果的话，以后肯定会后悔自己当初怎么会那么傻，傻得可怜而且可悲。

一个人追求富贵，应该不是为了享受，而是为了实现自己的一些想法。人总有些想法，如果在有生之年不能实现，临死的时候一定会十分遗憾，十分后悔的。为了不遗憾不后悔，人要对富贵有所追求。但是如果追求富贵会失去一些最基本的东西，比如自由和自尊，那么宁愿不要，否则到老的时候会有比遗憾更深一层的悔恨。

随缘心语：

富贵不是根本的，富贵是重要的，但绝对不是最重要的。根本的东西是我们的生存之本，而重要的东西是我们的追求。

2. 不为赚大钱，只为赚快乐

阿婆的店开在乡下的小街上，小小的街，只有这么一家小小的杂货店。阿婆从早忙到晚，忙得非常起劲，也非常快乐。

阿婆的店开得很久很久了，究竟开了多久，小街上几乎没有一个人说得上来。小街上许多人都说，他们从很小很小的时候，就在阿婆的店里买糖果、买鸡蛋、买肥皂。买到现在，连他们自己都快要变成阿公、阿婆了。

日子一天天地过去，现在阿婆已经老了，老得眼睛模糊不清，手脚行动缓慢，走路一摇一晃，更糟的是，老得记忆不清，总是走到哪儿，忘到哪儿。

"阿婆，你的砂糖一斤卖多少钱呢？"

"让我想想看。好像是1.2元吧。不，不，好像是2.5元钱。哦，1.8元，1.8元一斤，准错不了。"

"阿婆，我要买花生米，一斤多少钱？"

"1.4元，1.4元。"

"花生米哪有这么便宜？是不是一斤三元才对，你记错了吧？"

"是，是三元。真的没错，是三元。"

"啊，阿婆，你找错钱啦，你应该找五元钱给我，怎么给我55元？多找了呀！"

"唉．真的错了。我赶快再补50元给你。什么？不是我得再补给你，而是你得退给我？你可不要弄错呀！"

每天每天，都有这样的情形出现，很多人替阿婆担心，怕她记错价格找错钱，做生意不但赚不到钱还得赔老本，但阿婆总是笑呵呵地说："有赚，赚许多，赚许多。"

村子里的李老师是阿婆的忘年交，她常常趁着到学生家做家访或是到街上买东西的时候到阿婆的店里来坐坐，和阿婆聊聊天。她非常担心阿婆的店开不下去。

有一天她在店里才坐十分钟，就看到阿婆不止三四次地卖东西找错钱，甚至还把50元钱当十元钱找出去。

"阿婆，你能不能不再做生意啦？我看你这样做生意迟早会把老本都赔光。"李老师好意地劝道。

"我没赔，我赚很多了。不相信，你看看我的账本。"阿婆从抽屉里拿出一本黑黑的、油油的、破得连四个角都磨秃了的本子给李老师看。

这是什么样的账本呀？李老师简直看花了眼睛。从第一页到最后一页，每页都写满了"一"这个字，写得密密麻麻。"我看不太懂。阿婆，你解释给我听好不好？""哈哈，你们这些读书人，只会教人读书，当然看不懂啦。"

阿婆笑得眼睛眯成了缝。一面笑，一面解释："你瞧，这每一页除了记账，中间还有一条线，看到没有？"果真，每一页的中央真的有一条长长的横线，像一条河似的．把一页隔成上半部和下半部两个部分。

"你仔细数一数，每一页上面记的账多，还是下面记的账多？"

"什么意思？"

"啊，我说的账，就是这个啦，这是我发明的字，你当然看不懂。"阿婆指着簿子上那些"一"字继续说："这本账本每两页记录了一天的收支情况，每一笔账就代表一件事。每天我的店里头都发生很多事，如果是快乐的事，我就把账记在线的上面。如果是不快乐的事，我就把账记在线的下面。你数数看，每天快乐的事，是不是比不快乐的事多许多？你说，我开这个小店，不是天天赚得很多吗？"

"哇，原来如此！"李老师的眼睛瞪得大大的，从第一页一直往下翻。果真，每天在线上头的"账"都远远多于线下头的。有时候一整天中，只见线的上头记得满满的连一个空位子都没有，线下头却连一笔也没有。

李老师想，那阿婆真还是赚足了！

"我真高兴你的店赚这么多的钱，"李老师把账本还给阿婆，"可是我还是有一点不明白，什么是店里头快乐的事？什么是店里头不快乐的事？你能不能向我说明白一点？"

"喔，这还不简单呀？你真是个只会读书的读书人，我来说给你听听吧。例如，我把一斤三元的米当作一斤一元的米卖，客人赶快再补两元钱还给我，这就是很快乐的事。我多找了三元钱给客人，客人立刻把钱送回来，这也是很快乐的事。客人看到我扛不动米，帮我扛，看到我忙不过来就替我做这做那，都是快乐的事，统统要一笔一笔记录下来。但是也有不快乐的，哈，有一个人就总是当我是个老糊涂，买东西不给钱，说是待会儿就会把钱送来，却一次又一次都没还钱，还当作没这回事，多带走一包绿豆，一罐可乐，一包砂糖。他每带一回，我就记一次不快乐。同样吃一种米，总是会养出一百种、一千种不同的人的。还好，天天算下来，都是快乐占多数，不快乐占少数。我用算盘算一算，觉得我的店不但赚，而且还是越来越赚，越赚越多，我的快乐也越积越多，我早已变成世界上拥有快乐最多的人了！这样的店，我怎么舍得把它关掉呀！"

随缘心语：

有些人尽管很穷、很孤独，事业上也谈不上什么成就，但只因他们懂得从生活中寻找那点点滴滴的乐趣，他们就不会觉得困苦和孤独。

3. 做人不妨平和点，简朴生活是美德

古人云："达亦不足贵，穷亦不足悲"。当年陶渊明荷锄自种，嵇叔康树下苦修，两位虽为贫寒之士，但他们能于利不趋，于色不近，于失不馁，于得不骄，这样的生活，也不失为人生的一种极高境界！

我国春秋时期，鲁国有个宰相，叫季文子。

季文子身居高位，却以俭为荣，从不铺张浪费。他家的住房非常简陋，也不多用仆人。

他叮嘱家人说："不要搞浮华，讲排场。饮食粗茶淡饭就可以了，衣服不脏、不破就很好。"

有一天，他有公务出门，让他的侄儿备车。等了一会儿不见动静，就径直向马厩走去。刚到马厩门口，他就看到侄儿慌慌张张地将青草盖在马槽上，显出不安的样子。

季文子纳闷，问道："你在干什么？"

侄儿支支吾吾说不出话来。季文子上前一看，原来马槽里有粮食。

季文子十分生气，说："我已经说过，不许用粮食喂马，有充足的草就可以了。许多穷人衣食都成问题，你竟还如此浪费！"

侄儿点点头，说："你说的道理我懂，我只是怕别人嘲笑我们。"

季文子回答道："被嘲笑又如何，简朴生活才是美德！"

幕僚仲孙站在一旁，不以为然地说："大人做宰相这么多年了，出入

连一件像样的绸缎衣服都没有。喂的马，不给粮食，只给草吃。你每天乘坐瘦马破车，难道不怕别人笑话，说你太小气了吗？"

季文子听了仲孙的话后，严肃地说："你之所以这么认为，是因为你没有懂得节俭的意义。一个有修养的人，他可以克制贪念，因为他知道节俭可以使人向上。相反，一个人铺张浪费，必然贪得无厌。一个国家的大臣如能厉行节俭，艰苦奋斗，上行下效，百姓齐心，这个国家必然会越来越强大。"

季文子句句在理的一番话，说得仲孙哑口无言，他红着脸不好意思地低下头去。

后来，仲孙真的想通了，一改过去铺张浮华的缺点，重新做人了。

季文子作为宰相，自然当属富人之列，难能可贵的是他能以一颗平常心来看待自己的财富，依旧保持着勤俭的美德，并能够以德服人，使他身边的人最终都像他一样节俭。如果我们是富人，就应该做像季文子一样的富人。

奢华并非快乐的源头，简朴才是生活的本真。追求奢华让人产生攀比之恶，而简朴却让人随性自然。所以说，做人不妨平和点，别把贫富当回事，无论怎样的状况都要坦然面对，并保持快乐的心情。

随缘心语：

不管富贵与贫穷，在物质世界和精神世界中，只要开开心心，生活的趣味就会更浓厚，恐惧和压抑感就会自然从内心深处消失。坦坦荡荡地做人，平平淡淡地生活，美好的日子就会处处飘满幸福的花香。

4. 轻松自在，只因不贪

这是一个发生在美国俄亥俄州的真实故事。

1856年，亚历山大商场发生了一起盗窃案，共失窃八块金表，损失16万美金。在当时，这是相当庞大的数目。

就在案子尚未侦破前，有个纽约商人到此地批货，随身携带了四万美元现金。当他到达下榻的酒店后，先办理了贵重物品的寄存手续，接着将钱存进了酒店的保险柜中，随即出门去吃早餐。

在咖啡厅里，他听见邻桌的人在谈论前阵子的金表窃案，因为是一般的社会新闻，这个商人并不当一回事。

中午吃饭时，他又听见邻桌的人谈及此事，还说有人用一万美元买了两块金表，转手后即净赚三万美元。其他人纷纷投以羡慕的目光说："如果让我遇上，不知道该有多好！"

然而，商人听到后，却怀疑地想：哪有这么好的事？

到了晚餐时间，金表的话题居然再次在他耳边响起，等到他吃完饭，回到房间后，忽然接到一个神秘的电话："你对金表有兴趣吗？老实跟你说，我知道你是做大买卖的商人，这些金表在本地并不好脱手，如果你有兴趣，我们可以商量看看，品质方面，你可以到附近的珠宝店鉴定，如何？"

商人听到后，不禁怦然心动，他想这笔生意可获取的利润比一般生意要优厚许多，所以他便答应与对方会面详谈，结果以四万美元买下了传说中被盗的八块金表中的三块。

但是第二天，他拿起金表仔细观看后，却觉得有些不对劲，于是他将金表带到熟人那里鉴定，没想到鉴定的结果是，这些金表居然都是假货，全部只值2000美元而已。直到这帮骗子落网后，商人才明白，打从他一进酒店存钱，这帮骗子就盯上了他，而他一整天听到的金表话题，也是他们故意安排设计的。

歹徒的计划是，如果第一天商人没有上当，接下来，他们还会有许多花招准备诱骗他，直到他掏出钱为止。

因为贪私而迷失方向的人比比皆是，因为贪图而丧失天良的人也随处可见。贪欲不仅可怕，也是导致许多人失败的原因。

贪婪自私的人往往目光如豆，所以他们只瞧见眼前的利益，看不见身边隐藏的危机，也看不见自己生活的方向。

永不知足是一种病态，其病因多是权力、地位、金钱所引发的。这种病态如果发展下去，就是贪得无厌，其结局是自我毁灭。

托尔斯泰说："欲望越小，人生就越幸福。"这话蕴含着深邃的人生哲理。它是针对"欲望越大，人越贪婪，人生越易致祸"而言的。古往今来，被难填的欲壑所葬送的贪婪者，多得不计其数。

贪欲越多的人，往往生活在日益加剧的痛苦中，一旦欲望无法获得满足，他们便会失去正确的人生目标，陷入对蝇头小利的追逐。

其实，我们每一个人所拥有的财物，无论是房子、车子、票子等，不管是有形的，还是无形的，没有一样是属于自己的，那些东西不过是暂时寄托于我们，有的让我们暂时使用，有的让我们暂时保管而已，到了最后，物归何主，都未可知。所以，智者把这些财富统统视为身外之物。

就如同故事中明知道金表是"赃货"的商人，因为被自己的贪念打败，最终抗拒不了骗子的诱惑而自食恶果。

不去贪图"身外之物"，不但是超越世俗的大智大勇，也是放眼未来的豁达襟怀。谁能做到这一点，谁就会活得轻松，过得自在，遇事想得开，放得下。身上修筑的这个无形的"桃花源"，才会花香四溢，心情才会舒畅，生活才会既多姿多彩又清新安逸。

不想陷于危险之中，我们便要开阔自己的视野，打开心胸，如此才能看见前方的美丽风景。

随缘心语：

永不知足是一种病态，其病因多是权力、地位、金钱所引发的。这种病态如果发展下去，就是贪得无厌，其结局是自我毁灭。

5. 心灵满足才是真正富有的人

罗马哲学家塞尼逊有句名言："人最大的财富，是在于无欲。如果你不能对现有的一切感到满足，那么纵使让你拥有全世界，你也不会幸福的。"生活中，有一些人总是羡慕别人的生活，羡慕别人美丽的容颜，羡慕别人巨大的财富……其实，是他们忽略了自己拥有的一切，安定的工作、和睦的家庭、健康的身体、知心的朋友，而这些也是别人梦寐以求的。所以别让这种美好的生活从身边悄然溜掉，请珍惜你已经拥有的快乐和幸福，学着做个知足的人。

有一个天使，送信的时候在人间睡着了。醒来后，她发现翅膀被偷走了。没有翅膀的天使，能力比普通人还要小。她又冷又饿，来到一个牧羊人的家门口。

天使对牧羊人讲述了自己的遭遇，牧羊人很同情天使，就让天使吃饱了饭，还给她穿上暖和的衣服。

牧羊人说："你即使不是天使，我也会给你一顿饭吃的。不过，你如果还想吃下顿饭，就得自己出力了。"

天使开始跟着牧羊人学放羊。

天使每天收集梳理一些落下的羊毛，日积月累，她为自己织了一对羊毛的翅膀，在牧羊人目瞪口呆的注视下飞走了。

过了几天，天使前来答谢牧羊人，问他要什么。

牧羊人说："让我增加100只羊吧。"

羊群增加了100只，牧羊人比过去更累了。他找到天使，请她把羊变回去，为自己盖一所大房子。牧羊人在大房子里住着，发现到处是灰尘，打扫不过来，于是，他用房子换了一匹马。牧羊人骑在马背上，但不知要到什么地方去，就把马还给了天使。

天使问："你还要什么？"

牧羊人回答："什么也不要了。"

天使说："人们都有很多愿望，你难道没有吗？"

牧羊人回答："愿望实现之后，我才知道，我不需要这些东西，它成了我的累赘。"

天使说："那么，我送你一样无价之宝吧，就是性格。你想有什么样的性格？"

牧羊人说："我已经有了这样的性格，那就是知足。"

读完这个小故事，你是不是也一样明白了知足是一件无价之宝。可是我们往往不把这件宝物当宝用，很多的时候，我们总是对它不屑一顾，结果我们总是被无休止的愿望缠绕，搞得身与名俱灭。

知足者常乐。所谓知足，是种平和的境界；所谓常乐，是一种豁达的人生态度。就是说这个人懂得取舍，也懂得放弃，更懂得适可而止，而不是说这个人安于现状，没有追求，没有目标。

人们追求的名、权、利皆是过眼云烟，生不带来死不带走的东西，不应该把它们看得太重。世界上没有十全十美的人和事，知足可以让自己活得更加轻松，知足可以给他人少添很多的麻烦……

知足常乐并非阿Q精神，它是一种自我解脱，是调整情绪。取得心理平衡的安慰良药。拥有它，就会变得豁达开朗，心胸宽阔，而快乐也将会常伴你的左右。

有一首歌写得好：在世上有多少欢笑，能使你快乐永久？试问谁能支配将来，永远不必担忧？名和利哪天才足够，能使你满足永久？试问就算拥有了一切，谁能守住眼前的所有？享受生活、知足是真，因为心灵满足才是真正富有的人！

王梵志也有一首诗说："他人骑大马，我独跨驴子。回顾担柴汉，心下较些子。"虽然有点阿Q的意思在里面，但当我们面对无休止的欲望时不妨自嘲一下。当你回头望一望那些没有解决温饱问题的人时，你就会觉得，我们现在这样活着，有饭吃、有班上，就已经很幸福了。

所以——

如果早上醒来，你发现自己还能够自由呼吸，你就比在这一周离开人世的100万人更有福气。

如果你从未经历过战争的危险、被囚禁的孤单、忍受折磨的痛苦和忍饥挨饿的难受……你已经好过世上的五亿人。

如果你的冰箱里有食物，身上有足够的衣服，有屋栖身，你已经比世界上70%的人富足。

如果你的银行户头有存款，包里有现金，你已经身居世界上最富有的20%的人之列。

如果你的双亲仍然在世，没有分居或离婚，你已属于稀少的一群人之列。

如果你能抬起头，带着微笑，内心充满感恩，你是真的幸福——因为世界上大部分的人本可以这么做，但是他们没有。

如果你能握着一个人的手，拥抱他，或者只是在他的肩膀上拍一下……你的确有福气，因为你所做的已经等同于上帝才能做到的。

随缘心语：

知足者常乐。困境中知道寻求比上不足比下有余的平衡，从而满足自己的现状；珍惜自己的拥有，远离欲望的烦恼；品味人生的快乐，保持精神愉快，情绪安定，乐而忘忧。做到这些，你就是一个幸福的人。

6. 人生待足何时足，要适可而止

前几天和朋友聊天，朋友说正为这一段时间老是做噩梦而痛苦。问及所梦内容，几乎全是为了一点私利而与别人纠缠不休，甚至大打出手的事。我便装作行家，为之解梦，劝他最近放下手中的生意，到处走走，躲一下"小人"，便可不再做噩梦。

朋友心中有事，自然不得清闲，即使在睡梦中也一样。而醒来时，更是驱赶此身，作无尽的追求。当时没有与朋友直言，其实真正的"小人"是他自己，是他自己白日里老是想着为了蝇头小利去与人纠缠，所以才梦里不得安宁。如果整天为名利所累，万事扰心，不得安宁，即便物质生活上锦衣玉食，但精神压力不能排解，也只能痛苦万千。

古语说："天下熙熙，皆为利来；天下攘攘，皆为利往。"利当然是社会发展最有效的润滑剂，但不可过于看重名利，过于为名利奔波。

随着商品经济的发展，我们每个人都生活在讲求效益的环境里，完全不言名利也是不可能的，但应正确对待名利，最好是"君子言利，取之有道；君子求名，名正言顺"。

当然，最好的活法还是淡泊名利。因为名字下头一张嘴，人要是出了名，就会招来嫉妒，受人白眼，遭到排挤，甚至有可能由此而种下祸根。

正如古语所说："木秀于林，风必摧之；堆出于岸，流必湍之；行高于人，众必非之。"而利字旁边一把刀，既会伤害自己，也可能伤害别人，小利既伤和气又碍大利。如果认为个人利益就是一切，便会丧失生命中一切宝贵的东西。

人生待足何时足？名利是无止境的，只有适可而止，才能知足常乐。其实心是人的主宰，名利皆由心而起，心中名利之欲无休止地膨胀，人便不会有知足的时候。欲望就像与人同行，见到他人背有众多名利走在前面，便不肯停歇，而想背负更多的名利走在更前面，结果可能会在路的尽头累倒。知足者能看透名利的本质，心中能拿得起放得下，心境自然宽阔。

一个人如若以淡泊名利的人生态度来面对生活，他也就更易于找到乐观的一面。但许多人口口声声说将名利看得很淡，甚至摆出一副厌恶名利的姿态，实际是心中无法摆脱掉名利的诱惑而自欺欺人，未忘名利，所以才时时挂在嘴边。好作讨厌名利之论的人，内心不会放下清高之名，这种人虽然较之在名利场中追逐的人高明，却未能尽忘名利。这些心口不一的人，实际上内心充满了矛盾，但名利本身并无过错，错在人为名利而起纷争，错在人为名利而忘却生命的本质，错在人为名利而伤情害义。如果能够做到心中怎么想，口中就怎么说，心口如一，本身已完全对名利不动心，自然能够不受名利的影响。那么不但自己活得轻松，与人交往也会很轻松了。

国学大师林语堂也曾说过："满足的秘诀，在于知道如何享受自己所有的，并能驱除自己能力之外的物欲。"

卷三
贫也好，富也好，知足随缘

随缘心语：

淡泊名利是一种境界，而追逐名利则是一种贪欲。当今社会真正淡泊
名利的人很少，追逐名利的人很多。淡泊名利是人生所为的一种态度，是
人生的一种哲学。淡泊名利，就是要超脱世俗的诱惑与困扰，实实在在地
对待一切事物，豁达客观地看待一切生活。

7. 在欲望面前要清醒，有节制

在湖南，流传了这样一个有趣的故事。一个穷得天天喝稀饭的穷人，去一个烟火冷清的庙里拜菩萨。他看见庙里的穷和尚在敲着一个竹筒做的钟，就向菩萨许愿：如果菩萨保佑他三年里赚一千两银子，他就为寺庙铸一口千斤铁钟。

三年后，这个穷人果然赚了白银千两，他没有忘记自己当初许下的愿，急忙铸了一口钟，送至寺庙，使寺庙得以不再敲竹筒代钟。

变成了小财主的穷人，在实现了自己的愿望后，又跪在菩萨面前，再次许愿：他希望自己在三年里赚一万两银子。这次，他对菩萨的回报是：愿望实现后，给庙里捐一口千斤重的铜钟。

菩萨听了，训斥小财主说：有了一千想一万，不记得当年吃稀饭！

小财主听了，回复菩萨道：有了铁钟想铜钟，不记得当年敲竹筒！

我在年少时听到这个故事，是当笑话来理解的，觉得那个成了小财主的穷人，虽说贪心不足，但敏捷机智的栽赃工夫的确一流。稍大一点，觉得那个小财主的话也有几分道理，尽管菩萨没有贪心铜钟，但他毕竟贪心过铁钟，因此菩萨训斥贪心一万两的小财主，不过是五十步笑百步而已。再大一些，知道了菩萨是集美德于一身的神灵，而一个利用自己的法力来帮助他人以满足自己私欲的神灵，根本不配称为菩萨。

当我自己在社会上历练多年，再次想起这个故事时，我又有了一番新的认识，觉得故事中的菩萨绝对是大智慧的化身。佛祖是人，菩萨也是人，不是神，也不是仙。他们只是一些睿智的人，而一般的凡夫俗子才是些糊涂的人。既然是人，菩萨当然也有自己的欲望，不是说"佛争一炷香"吗？但是，我们切不可因为菩萨有欲望就否定他的伟大，因为，菩萨在欲望面前是清醒的，是有节制的。

故事中的菩萨，其实是在用行动来告诉世人，有追求并非坏事，但却要适可知止，见好马上收——这其实也是我们所倡导的随缘的人生哲学。

随缘心语：

菩萨当然也有自己的欲望，不是说"佛争一炷香"吗？但是，我们切不可因为菩萨有欲望就否定他的伟大，因为，菩萨在欲望面前是清醒的，是有节制的。

8. 知足随缘，知不可行而不行

有个可怜的人死后进入天堂，上帝召见了他。这个人对着上帝哭诉了自己在人间的种种苦难，仁慈怜悯的上帝决定在这个人下一次投胎时，让他过上一种美好的生活。于是上帝问他："告诉我你下次投胎的愿望，我将尽量满足你。"

他回答："我希望我很有钱，很有才华，长得英俊潇洒，能获得最高的学位，当上高官，成为有名望的人，别墅香车不能少，当然还要有一个美丽贤惠的娇妻和一对聪明伶俐的儿女……"

他的话还没有说完，就被上帝打断了。上帝正色地说："老兄，世界上如果有这等美好的事情，我还不如把我的位子让给你，由你安排我投胎去那里算了！"

瞧，看来上帝过的也不是那么如意的生活，他更无法给人一个事事如意的人生。

有很多时候，我们根本就不知道满足。对于前世，我们会埋怨父母没有把我们生养在富贵之家，对于后世，总是抱怨子孙们不能个个如龙似凤。

俄国大文豪列夫·托尔斯泰说过："俄罗斯人对于自己的财产从不满足，而对于自己的智慧却相当自信。"从这里就说明了知足有其自身的双重性。人们对于物欲的追求总会优于对精神的追求。一个人在精神上知足后往往不能在物质上得以满足，这与人类的第一需要必须是温饱有关。

贫也好，富也好，知足随缘

知足与不知足实际上是一个量化的过程。我们不可能把知足一直停留在某一个水平线上，也不可能把不知足固定在某一个需要上。不同的年代，不同的环境，不同的阶层，不同的年龄，不同的生活经历，知足与不知足的欲求总会相互转化。穷苦的青年人还是要不知足的好，唯有这样，生活才会改观；一夜暴富的大款们，对于知识的追求多一些也许可以提升生活质量。但知足的农民从不会强迫自己当总统，安分守己的乡村教师会把按时领取薪水当作一种最大的慰藉。

知足使人感到平静、安详、达观、超脱，不知足使人骚动、搏击、进取、奋斗；知足智在知不可行而不行，不知足慧在可行而必行之。若知不行而勉为其难，势必劳而无功；若知可行而不行，这就是堕落和懈怠。这两者之间实际上是有一个"度"的问题。度就是分寸，是智慧，更是水平，只有在合适的温度下，树木才能够发芽，而不至于把钢材炼成生铁。《渔夫和金鱼》中的那个老太婆就是不懂得知足的最大失败者，她错就错在没有把握好知足这个"度"。

在知足与不知足两者之间，我们更多地倾向于知足。因为它会使我们心地坦然。无所取，无所需，同时还不会有太多的思想负担。在知足的心态下，一切都会变得合理、正常且坦然，在这新的境遇之下，我们还会有什么不切实际的欲望与要求呢？

学会知足，我们才能用一种超然的心态去面对眼前的一切，不以物喜，不以己悲，不做世间功利的奴隶，也不为凡尘中各种搅扰、牵累、烦恼所左右，使自己的人生不断得以升华；学会知足，我们才能在当今社会愈演愈烈的物欲和令人眼花缭乱、目迷神惑的世相百态面前凝神静气，才能够做到坚守自己的精神家园，执着地追求自己的人生目标；学会知足，就能够使我们的生活多一些光彩，不必为过去的得失而感到后悔，也不会为现在的失意而徒生烦恼。一个人若能达到此境界，将会从此摆脱虚荣，宠辱不惊，心境达到看山心静，看湖心宽，看树心朴，看星心明……

知足是一种极高的境界。知足的人总能够做到微笑地面对眼前的一切。在知足的人眼里，世界上没有解决不了的问题，没有过不去的河，没有过不去的坎儿，他们会为自己寻找一条合适的道路，而绝不会庸人自扰。知足的人，才是快乐轻松的人。

知足是一种大度。大"肚"能容下天下纷繁之事。在知足者的眼里，一切过分的纷争和索取都显得多余，在他们的天平上，没有比知足更容易求得心里平衡的了。

知足是一种宽容。对他人的宽容，对社会的宽容，对自己的宽容。只有做到如此才能够得到一个相对宽松的生存环境，这实在是一件值得庆贺的事情。知足者常乐，说的就是如此。

知足最可贵的地方是能够战胜自我，善待他人，善待自己。唯有知足者才能够正视现实、善于拼搏、善于总结教训、善于学习他人、谦虚谨慎、不卑不亢，不会在社会的坐标上找不到自己的位置。他们懂得自己人生中的真正价值，从而使自己的人生充满激情，希望常在。

知足者常乐。但愿每个人都能够战胜自我，少一些固执，多一些灵活，少一些抱怨，多一些真情，让生活充满温馨。

随缘心语：

知足使人感到平静、安详、达观、超脱，不知足使人骚动、搏击、进取、奋斗；知足智在知不可行而不行，不知足慧在可行而必行之。若知不行而勉为其难，势必劳而无功；若知可行而不行，这就是堕落和懈怠。

卷四
辱也好，荣也好，自在随缘

　　人们之所以难以摆脱荣辱毁誉的枷锁，是因为对人生的根本问题缺少认识。人为什么活着？怎样活得更有意义？随缘是最好的选择。随缘是一种平和的生存态度，也是一种生存的禅境。"宠辱不惊，闲看庭前花开花落；去留无意，漫随天外云卷云舒。"放得下宠辱，那便是安详自在。

1. 做个"荣辱毁誉不上心"的散淡人

凡人大都渴望和追求荣誉、地位、面子，为拥有它而自豪、幸福；凡人大都不情愿受辱，为反抗屈辱甚至可以以生命为代价。所以，现实人生便出现了各种各样争取荣誉的人，形形色色的反抗屈辱的勇者和斗士，也有为争宠、争荣不惜出卖灵魂、丧失人格的势利小人。当然，也有人处世很大气，把荣誉看得很淡，甘做所谓"荣辱毁誉不上心"的清闲人、散淡者！他们对客观的、外在的出身、家世、钱财、生死、容貌都看得很淡泊，追求精神的超逸、洒脱。

在西汉第五代皇帝武帝手下当将军，曾七度奉命讨伐匈奴，享尽了"名将"盛誉的卫青，是少数对荣誉具有警惕性的真正名将。他不仅能征善战，而且不计荣辱，名成敢于身退，可谓拿得起放得下的大气之人。

卫子夫和卫青姐弟的生母卫媪，是武帝的姐姐平阳公主的奴婢，她和武帝的一位下级吏员郑季私通，生下了卫子夫姐弟。

姐姐卫子夫长大后，成为平阳公主的歌姬。武帝一向苦于陈皇后的凶悍，见到卫子夫后，立刻被她的温柔貌美所吸引，恳求姐姐把这名歌姬给她，带回后宫作为侧室。

然而与姐姐的命运不同的是，卫青走的是一条坎坷的路。他小时候虽然被生父郑季收留在家，但正妻所出的孩子们却不把卫青当兄弟，叫他看羊，把他当奴隶使唤。

就在那时候，有人替卫青看相说："你有贵人相，将来也许会封侯。"卫青却平静地回答："不要说将来，就是现在不挨打受骂，也就满足了。"姐姐卫子夫成了皇帝的宠姬后，卫青好不容易脱离了困苦的境遇，应召入宫，当上了一名下级吏员。但陈皇后嫉恨卫子夫，想在卫青身上泄恨，毫无正当理由便把卫青逮捕，监禁在娘家的馆陶长公主家里。这时卫青的一位朋友——后来和卫青一同经历过多次战争的公孙敖率领一队壮士赶来，将他救出。

也算是因祸得福吧，因为这次事件，卫青的名字传到了武帝那里，武帝把他提拔为王宫的警卫队长。武帝因为北伐作战的新构想而想到他时，他已升任为太中大夫，但也只是一位平凡不惹眼的官吏而已。

武帝看出卫青是个锐气内敛的青年，就像一层薄绢包着的利刃。从小赶羊群放牧的苦差，使他在不自觉中培育出了智慧和毅力。牧羊者不能对任何一头羊具有特别的爱惜心理，为了把多数的羊赶到一个目的地，必须经常注意羊群的动向；如有饿狼来吃羊，必须牺牲数只羊来救出羊群；如有逃出羊群外的羊，要施以无情的鞭打。这不正是指挥野战机动大军团应具备的条件吗？而武帝最欣赏他的一点是，卫青从不表现自己。

公元前129年秋天，武帝发兵征伐匈奴。李广出雁门，卫青出上谷，公叔敖出伐郡，公孙贺出云中，各率一万骠骑兵开始出击匈奴。

放着那么多有名望的将军不用，为什么把这样的大任交给自己呢？卫青一个人静静地思考这个问题。他想到武帝只起用那些他相信能领会自己意图的臣下，对其余的人常常不屑一顾。这就是结论。

李广等人争先冲入匈奴军阵的中央，遭受到强烈的反击，立即陷入混战中。李广、公孙敖、公孙贺他们没有一个人能把握住组织作战的本质，他们只是用勇力来取得胜利。

卫青的想法和做法不一样，他对有机会建立辉煌军功的白刃肉搏战并不留意，而是一直指向敌人的后方根据地，他率领轻骑兵军团以最快的速度向目的地进击。在途中遭遇匈奴军，也只分出一小队去应付，主力部队则避开敌人迅速深入腹地。匈奴军队的将军，各自率领手下驰骋战场，争功好胜，无法掌握卫青军团的真正目标，只是一批又一批地派出支援部队，想捉住疾驱中的卫青。

派往前线的兵力愈多，后方的大本营就愈加空虚，卫青的目标就是后方大本营。龙城是匈奴军重要的大本营之一，龙城的匈奴军对卫青军团的快速推进和长驱突入毫无警惕，一遭突击便完全瓦解。卫青部队捕获数万敌军，获得汉朝开基以来的最大战果。

这样，卫青把武帝构想的机动作战完全实现了。

其余的三个军团结果都很悲惨。公孙敖军失去了七千骑，毫无战果。至于李广，负伤成了匈奴军的俘虏，不过他到底是一代豪杰，躺在担架上被送到军臣单于本部途中，伺机夺马逃走，还凭一张弓把追击的数百匈奴兵挡住，终于回到友军阵营。

回国后，李广被交付审判，罪状是失去了多数部将，自身亦受囚虏之辱。被判死罪后李广缴赎金获免，被贬为平民，隐遁于山中。只有卫青受到武帝的重赏，封赐为关内侯。

至此，卫青一跃而为大汉帝国军队的新王牌，而且，年年以匈奴征讨军统帅的身份指挥作战。至公元前124年发动的总攻击为止，共有四次远征，把全部鄂尔多斯地区纳入了汉帝国的统治下，在对匈奴军事状态上取得了优势。武帝当初的愿望可以说大致实现了。

霍去病是卫青的二姐少儿与一名下级官吏霍孺所生，算是卫青的外甥。此时的霍去病正处于初生之犊不怕虎的年龄，而且他的骑射功夫足以和李广媲美，更难得的是，他同卫青一样具有敏锐的洞察力。

特别使武帝欣赏的是他那种粗犷的个性。有一次武帝训示他："为了将来有大成就，你要好好学习孙吴兵法。"不料这个年轻人竟以一种傲然的态度顶撞说："战争可不是什么理论的问题，最要紧的是临场的决断。"他就这样旁若无人，对皇帝也是如此，总是喜欢我行我素，不考虑别人的想法。

霍去病的长处在于一方面活用卫青的机动战法，一方面又能身先士卒，发挥不逊于李广的无比豪勇的个人武艺。在他面前，匈奴军队只有瞠目惊叹，常常被他的气势所慑服，丧失了斗志。武帝的另一战略又成功了，让霍去病在漠西坐镇，匈奴军必定不敢蠢蠢欲动，即使不可能全部征服，只要有这威慑力量的存在，等于是掌握了实质上的支配权。汉政府开始大幅度削减前线守备队的规模，减少军费。这番措施，也就是武帝的胜利宣言了。

已身居大将军地位的卫青，确实看出汉军的中心已完全移到明星将军霍去病的身上，即使是自己的旗下，也已无法挑选精强的战士了。这一切使得卫青暗自下了决心，自己要默然地抽身而出。

时机终于来临。企图挽回颓势的单于想诱出汉军，开始频繁地袭击边境。武帝决定和单于进行最后一场大决战，一举断绝后顾之忧。同时，也使霍去病的威名固若磐石，永远成为汉帝国的威慑力量的象征。

这是武帝的用心所在。

战场是包括戈壁沙漠在内的蒙古草原地带。卫青遵照武帝的意思，命令由伐郡出击的霍去病攻击单于的本部。

依照惯例，霍去病的旗下一律是经过选拔的精强骑兵团，另有后续的数十万输送部队，这真是以全国力量为赌注，乾坤一掷的大战。卫青在心里祈望霍去病能取得单于的首级，替代自己就任大将军，因为他知道，这样的结果才是武帝希望的。

然而在大草原上的混战中，发生了预料之外的情况：卫青军和单于本部队不期而遇，而霍去病军却与匈奴军支队的左贤王部队相冲突，不得不展开追击战，一直追到贝加尔湖边。尽管如此，卫青就像一块沉在水中的岩石，不动，不语，在11年后的公元前106年去世。

在波澜壮阔的时代里，卫青算是一名全身全名的善终者，时机一到，便在静默中退出舞台。他自我认识的正确，才使他死后享尽了"名将"的盛誉，他拿得起放得下，把名誉、荣辱看得很轻，所以才能全身全名。

随缘心语：

学着做一个"荣辱毁誉不上心"的清闲人、散淡者！对客观的、外在的出身、家世、钱财、生死、容貌都看得很淡泊，追求精神的超逸、洒脱。

2. 台上台下都自在，主角配角都能演

每个人的心中都有自己的志向，但不是有大志就能实现大志。在奋斗的过程中，不同的人会有不同的遭遇，所以要能够忍受失败的痛苦。一个真正想成就一番事业的人，身上必定有一种从容的气度，这种气度是一种大气，是一种成熟，有这种气度的人志存高远，不以一时一事的顺利和阻碍为念，也不会为一时的成败所困扰。

有一副对联说：舞台小世界，世界大舞台。特别是职场，更是不断上演着一幕幕悲喜剧。上了职场这个"舞台"，你不仅要一举一动中规中矩，把自己的角色演好，同时也要调整心态，分清台上台下与戏里戏外，这样方能从容走好你的每一步。

有一位职员，工作非常努力，人也很有上进心，大家都认为他会"上去"。后来他真的升上去了，他每天办公、开会，忙进忙出，兴奋中难掩骄傲的神色。可是过了一年，他又"下台"了，被调到别的部门当职员。这一打击使他难以承受，重新当了职员后，大概难忍失去舞台的落寞，他日渐消沉，后来变成一个愤世嫉俗的人，再也没有升过官。

事实上，在人生的舞台上，上台下台本就平常。如果你的条件适合当时的需要，当机缘一来（凑巧也罢），你就上台了，如果你演得好演得妙，你可以在台上久一点，如果唱走了调，老板不叫你下台，观众也会把你轰下台；或是你演的戏已不合潮流，或是老板根本是要让新的人上台，

于是你就下台了。这种情形演艺界最为明显，当明星多风光，可谓万千宠爱在一身，可是一旦没有了人气，那种落寞，也是一般人难以忍受的。

上台当然自在，可是下台呢？难免神伤，这是人之常情，可还是要拿得起放得下，"台上台下都自在"。所谓"自在"说的是心情，能放宽心最好，不能放宽心也不能把这种心情流露出来，免得让人以为你承受不住打击。你应"平心静气"，做你该做的事，并且想办法精练你的"演技"，随时准备再度上台，不管是原来的舞台或别的舞台，只要不放弃，就会有机会！

倪萍就是一个心态极好的人，当年央视的王牌女主持，家喻户晓，红遍大江南北。然而随着时代的发展，新人辈出，她的主持风格也不再被时代所接受。面对这样的现状，倪萍表现出的不是失落，反倒是清醒的认知，她毅然阔别了那个对她来说充满了光辉的舞台，悄然回到了她曾经的老本行——影视。对于这一转变，她显得无比淡定，她像一个新人一样，重新开始琢磨表演，丝毫没有失掉光环的悲伤。这就是一种做人的成熟和大气。

另外，还有一种情形也很令人难堪，就是由主角变成配角。如果你看看电影和电视的男女主角受到欢迎与崇拜的盛况，你就可以了解由主角变成配角的那种难过。

就像人一生免不了上台下台一样，由主角变成配角也一样难以避免，下台没人看到也就罢了，偏偏还要在台上演给别人看！

真正演戏的人可以拒绝当配角，甚至可以从此退出那个圈子，可是在人生的舞台上，要退出并不容易，因为你需要生活，这是现实。

所以，由主角变成配角的时候不必悲叹时运不济，也不必怀疑有人暗中捣鬼，你要做的也是"平心静气"，好好扮演你"配角"的角色，向别人证明你主角配角都能演！这一点很重要，因为如果你连配角都演不好，那又怎么能让人相信你还能演主角呢？如果自暴自弃，到最后就算不下台，也必将沦落到跑龙套的角色，人到如此就很悲哀了。如果能好好扮演好配角，一样会获得掌声，如果你仍然有主角的架势，自然会有再度独挑大梁的一天。

总而言之，人生的际遇是变化多端、难以预料的，起伏难免，有时逃都逃不过。碰到这种时候，就应有"台上台下都自在，主角配角都能演"的心态，这是面对人生能屈能伸的弹性，而你的这种弹性，不只会为你的人生找到安顿，也会为你寻得再放光芒的机会。同时，你的这种弹性也必将赢得别人对你的尊重，因为没有人会欣赏一个自怨自艾又自暴自弃的人！

随缘物语：

做人要"台上台下都自在"。所谓"自在"说的是心情，能放宽心最好，不能放宽心也不能把这种心情流露出来，免得让人以为你承受不住打击。你应"平心静气"，做你该做的事，并且想办法精练你的"演技"，随时准备再度上台，不管是原来的舞台或别的舞台，只要不放弃，就会有机会！

3. 宠辱不计较，名利只随缘

唐太宗时期，有个负责运粮的官员在运粮的时候遭遇了风暴，导致粮船沉没了。到年终考核时，考功员外郎卢承庆奉命给下级官员评定等级。评定等级事关每位官员的仕途升迁，所以大家都非常紧张。因为运粮船沉没一事，卢承庆给那位运粮官评了个"中下级"，那位运粮官没有流露出半点不高兴的神情。后来，卢承庆综合考虑各种因素，又将运粮官的级别改成了"中中级"，运粮官也没有流露出半点高兴的神情。不论自己评的是什么级别，运粮官都坦然接受，而且依旧认认真真地做自己的事情。卢承庆赞扬他"宠辱不惊，实在难得"，又将他的级别改成了"中上级"。

这位运粮官给我们上了一堂优秀的心理课。

人的一生，各有各的追求，有的人追求名誉，有的人追求金钱，有的人追求权力。然而人生的真正价值是什么？记不清哪位哲人说过："一个生命也许只有在名利面前宠辱不惊，而又能为其他生命作出贡献的时候，才能充分显示出它的巨大力量、深层次意义和宝贵价值来。"

生命的价值在于奉献，在于为社会、为他人作出贡献。一个人能尽心尽力地去服务社会，帮助他人，那么生命的价值就得到了实现。生命只是一段历程，在这有限的生命中，有人拼命享受，拒绝付出，这样的人说他活着，但生命已经枯萎。珍视自己生命的价值，对生命负责的人，会尽力去做有益的事，让生命之树枝繁叶茂。

许多人喜欢以自我为中心，信奉"人生如朝露，行乐须及时"。这是一种自私的"我"，是小"我"，只有那种公而忘私，甘做孺子牛的"我"才是大"我"。其实，活着最重要的是对自己的生命负责。生命的价值并非想象，而是实践。花儿向这个世界吐露芬芳，对花儿本身而言，这就够了。一切事物随时在变化，倘若因为害怕凋零，花儿便因此拒绝开放，这才是最愚蠢的。就像知道人会死亡，所以就悲观堕落，同样是错误的。

因此，在人生价值实现的过程中，我们不可过于看重名利，只为自身享乐而活，否则就会丧失了自身存在的价值。其实，一切名利，都只是过眼云烟。佳人艳丽，终究会有美人迟暮的一天。一个人在生命即将结束的时候，如果能问心无愧地说："我已经不虚此行了。"那么他便此生无悔了！

随缘心语：

只有那些能够在现实名利面前宠辱不惊，而又能有益于社会、有益于人民的人才能高贵地活着！不朽地活着！

4. 人生贵贱，处之泰然

古人认识到有贵就有贱，这是相对而生的。人处于不发达的境地，自然就会被别人看轻，无论是谈话还是办事，都不会被重视。不仅如此，也许还会让你受尽侮辱。这里举了几个很好的例子，告诉我们身处卑微之时，应该怎么做。有时对于一时的不公，忍气吞声不去计较，不是自轻自贱，而是能够忍贱求生存、求发展的最佳方式。

晋代的王猛，字景略，北海人。年少时家里贫困，靠卖畚箕为生。有一天，一个人出高价买他的畚箕，却不给钱，对他说："我家里离这儿不远，你跟我去取钱吧。"王猛因他出的价钱很高便跟他去了。他们走了很久，最后在一座深山里停了下来。王猛见一个白发白胡须的老人靠矮凳坐着，这个老人用傲慢的眼神打量着王猛，并给了他十倍的价钱，然后派人送他走了。

王猛不屑于理会小事，人们都轻视他，王猛仍然悠然自得。王猛隐居华阴，听说桓温进了关，就穿着破衣服去拜见桓温，捉着虱子大谈当时的大事，好像旁边没有人的样子。桓温认为他不同寻常，十分高兴地和他交谈，给他祭酒的官做，他却推辞不受。升平元年，前秦尚书吕婆楼向秦王苻坚推荐他。苻坚与他一见如故，谈论当时大事，苻坚十分高兴，说自己是刘备遇上了孔明。于是王猛当了中书侍郎，后来又做了尚书左丞。

卷四

辱也好，荣也好，自在随缘

人不可能总是处于穷困潦倒的地位，尤其是那些真正有才干的人。他们能够忍受一时的地位低下，也才能日后获得高位。

像这样能够不惧怕地位低下，不惧怕别人的轻视，能够以自己做人的原则约束自己，不断上进，奋发进取的，还有一位，他就是南宋时的宗悫。宗悫字元干，南阳人，讲义气，武艺高，却不被乡邻知道。同乡人庚业家财富有，和人吃饭，桌前总是摆着长达一丈远的食物，但给宗悫却摆上粗茶淡饭，并对客人说："宗悫是军人，他能吃粗粝的食物。"宗悫吃得饱饱的才回去。后来宗悫当了豫州刺史，庚业是他的长史，宗悫对庚业很好，不因为从前的事而恨他。后来宗悫又当了振武将军。

所以人处于贫贱的地位时，眼中不看重权势、富贵，而是安于贫贱，自我修养到家，培养高尚的品质，以后一旦时机成熟的时候，必然能够发挥自己的才干。他会牢记贫贱时的感受，能忍贫寒，且能够珍视权位，知道怎么去运用权位。同样一个人处于富贵高位的时候，不忘记曾经受过的贫困，不忘记贫困时所交的朋友，一旦有变，失去权势、地位，他也不会怨天尤人。只有这样穷困不易其节，低鄙不附权贵，富贵不失其廉洁，才能由卑及尊，由贫及富，处之泰然。

随缘心语：

人处于贫贱的地位时，眼中不看重权势、富贵，而是安于贫贱，自我修养到家，培养高尚的品质，以后一旦时机成熟的时候，必然能够发挥自己的才干。

5. 个人荣辱可糊涂，关乎大局要明白

南怀瑾先生曾这样评价过北宋一代名相吕端，他说："绝顶聪明的人，不是故意装糊涂，而是把自己聪明的锋芒收敛起来，而转进糊涂，这就更难了。吕端就是一个绝顶聪明的人，他知道对什么事该聪明，对什么事该糊涂，这对一个官场中人来说实是难得。"

北宋开国元勋赵普曾赞扬吕端："吾观吕公奏事，得嘉赏，来尝喜，遇抑挫，未尝惧，真台辅之器也！"

当时，宋太宗想任命吕端为宰相，有的人却贬抑他，说："吕端为人糊涂。"宋太宗当即反驳说："吕端小事糊涂，大事不糊涂。"于是，便任命吕端为宰相。后人有诗赞曰："诸葛一生惟谨慎，吕端大事不糊涂。"从此，吕端便成为"小事糊涂，大事不糊涂"的典型。

吕端在事关个人利益的某些问题上确有"糊涂"之处。他为人旷达宽厚，有器量，对职务上的升迁不介意，虽多次被贬，但从不计较，并且"得嘉赏未尝喜，遇抑挫未尝惧，亦不形于言"。他对流言蜚语不记怀，经常说："吾直道而行，无所愧畏，风波之言不足虑也。"他为官40年，两袖清风，不为亲友谋私利，家无储蓄。他去世后，其子女穷得不能婚嫁，只好将房屋典当。宋真宗知其事，从国库里拨钱把其房屋赎回来。他从不因权位显赫而志满意骄，而是比较谦虚谨慎，平易近人。他和寇准同居相位。寇准是治理国家的栋梁人才，但"性刚自任"，不善交际。吕端对此毫不计较，总

是处处谦让。虽然宋太宗很器重吕端，亲自手谕："自今中书事，必经吕端详酌，乃得闻奏"，但吕端遇事与寇准一起商量，从不专断。

吕端为相，的确没有辜负宋太宗的期望。他不虑风波之言，对大家谦让，不计较小事，但他大事确是不糊涂。在朝奏廷议中，吕端往往在紧要关头深谋远虑，颇得太宗赞许。宋真宗尚为皇太子时得了重病，吕端每日都伴随太子到宋太宗病榻前问安。等到宋太宗病危的时候，宫廷内侍王继恩忌恨太子英明，怕太子继位后于自己不利，就暗地里与参知政事李昌龄、殿前都指挥使李继勋、知制诰胡旦密谋立楚王元佐为帝。宋太宗死后，李皇后命王继恩传召吕端。吕端知道事情有变，就把王继恩扣锁在阁内，命人看守，自己进宫去见李皇后，当面回驳皇后，坚持奉真宗即位。皇后说："皇帝已经驾崩，立嗣要按长幼，这才顺应情理，现在该怎么办呢？"吕端回答说："当初，先帝确立太子，就是为了这一天。现在皇上尸骨未寒，怎么能够改变先帝意愿，议立别人呢？"于是，吕端就奉命迎太子到福宁宫。

宋真宗即位后，垂帘召见群臣。吕端站在殿下看不清垂帘后面的皇帝究竟是谁，不肯下拜。为了确认垂帘后的人究竟是谁，他不但请求把帘子卷起来，还登上殿去，亲眼察看清楚新皇帝确实是真宗，这才走下殿来，带领群臣朝拜、呼万岁。因而受到真宗敬重。

事后，吕端把那伙阴谋废立的人都赶出了朝廷。将李继勋派往陈州；贬李昌龄为忠州司马；将王继恩降为右监门卫将军，发往均州安置；把胡旦除名流放到浔州，抄没他的家产。

如果不是吕端在国家存亡的紧急关头明辨是非、行动果决，势必造成边境战乱和皇子争帝的宫变。吕端所为，不失为"大事不糊涂"之举。正是吕端在荣辱升迁、利害得失的所谓小事上"糊涂"，才能在关乎国家兴衰成败的大事上"明白"。

矛盾具有多样性，在矛盾的变换中要能够权衡利弊和后果。吕端小事不聪明，大事不糊涂的故事，就是我们理解智愚处理矛盾的范本。

古人云："心底无私天地宽。"天地一宽，对于一些琐碎之事就不会太认真，苦恼也不来了，怨恨更谈不上。聪明是天赋的智慧，糊涂有时也是聪明的一种表现，人贵在集聪明与糊涂于一身，需聪明时便聪明，该糊涂时且糊涂，随机应变。

随缘心语：

古人云："心底无私天地宽。"天地一宽，对于一些琐碎之事就不会太认真，苦恼也不来了，怨恨更谈不上。

6. 淡泊宁静，从俗世的毁誉纠缠中退出

人们之所以难以摆脱荣辱毁誉的枷锁，是因为对人生的根本问题缺少认识。人为什么活着？怎样活得更有意义？一个有理想有抱负的人，他绝不会汲汲于功名利禄，而是更看重自我价值实现的过程。因此，他们对外界的诱惑有很强的抵制力，能保持一颗平常心。

著名作家沈从文就是一位能从俗世的毁誉纠缠中退出，以淡泊宁静的心态设计自己的人生之路，从而保持心灵的安宁与平和的人。

沈从文是中国现代文坛上享有盛名的作家，他极富有传奇色彩的人生经历，独具一格的创作成就，沉浮不定的人生命运，成为中国现代文学史上的传奇。

沈从文出生于湖南凤凰的一个军人世家，14岁时，因家中贫困，他便投身于一支旧军队，在部队六年，他随军转移，足迹遍及川、湘、黔三省各界及淮水流域，饱览了"人生这本大书"，太多的杀戮，太多的死亡，使沈从文得以体验社会生活的各个层面和形形色色的社会人等。1922年，20岁的他离开了军队，到北京追寻文学之梦。

这位湘西青年在北平的日子是艰辛的，在失业、贫穷、世人的讥讽之中，他始终不改对文学之梦的追寻，他旁听于北大，自学于京师图书馆，在他那"窄而霉"的公寓中伏案写作，他的才华终于被世人赏识，他的小

说和散文使读者兴奋不已，一部《边城》蜚声中外。

可是，到了建国后，这位从一名湘西小兵成长起来的大作家遇到了麻烦。他的作品在那些左派理论家眼里成了"不合时宜"的了，他本人也被称作"清客文丐""地主阶级的弄臣"而受到批判。在那段日子里，沈从文无所适从，由于不被理解、不被认同、不被接纳，他陷入了极度的恐惧之中。他整日足不出户，"灵魂陷入了茫茫迷雾之中，前不见灯塔，后不见陆岸，理智开始迷乱，神经在高度紧张与自恐自吓下，承受不了这没完没了的强大张力，终于呈现出病态特征"（凌宇《沈从文传》）。在惊惧之中，他想以结束生命来消除痛苦，幸运的是，他并未成功。

经历了这一场精神劫难，沈从文的心灵恢复了平静，他决定改行，到历史博物馆整理文物。他要告别文坛的消息传出后，读者不解，亲朋也惋惜，因为沈从文是大师级的文学家，他要放下曾创造了翠翠、萧萧等鲜活艺术形象的笔，是多么大的损失啊。但是沈从文不作解释，只报以微笑。

其实，沈从文又何曾想离文坛而去呢？在近半个世纪里，他的生命都体现在他的作品里了。他之所以告别文学，实在是当时的社会环境已不允许他再从事创作，他是被剥夺了创作的权利，不得已离开文坛的。

但是，沈从文并没有抱怨，他无法改变当时的现状，他只能改变他的生存状态，那便是以淡泊宁静的方式寻找新的人生之路。他来到了历史博物馆，一开始的工作仅仅是一种枯燥的简单劳作，为文物写标签，这是一种无须用脑的活计，但沈从文却安之若素，心如止水。渐渐地，他从历史遗留下来的金石、陶、瓷中找到了乐趣，也发现了他后半生的意义。从此，他沉浸在金石瓷器等文物之中，在那一片颜色、一块石头、一堆泥土、铜与玉、竹木与牙角中，注入了自己的生命意识。每天，他早早地来到博物馆，即使是三九寒天，沈从文也是一早就来。他穿一件灰布棉袄，躲在一个避风的地方，一面跺脚一面将一块刚出炉的烤白薯在两手间倒来倒去地取暖，等着博物馆的警卫开门。在博物馆里，他便沉浸在那成千上万的文物之中，从那一点一线、一履一节间，去感知民族悠久丰富的文化，那静止的文物重又点燃了他的生命之火。

"十年文革"期间，沈从文也受到了冲击，他被批判，下放农村劳动，但一旦境遇有所好转，他便又投入到文物研究之中。这时候的沈从文从没有想过什么名利，只是想尽自己所学为社会尽一份责任。历尽浩劫，从20世纪70年代末开始，沈从文几十年的研究成果相继问世，《中国古代服饰研究》《唐宋铜镜》《战国漆器》等专著陆续出版，在海内外引起强烈反响。这时，沈从文仍以平常心洞悉世事，宠辱不惊，心如古井。他说："一切所谓成绩、纪录，都是受一种来自较远、较深远的愿生鼓舞，随着十分积极的态度和信心坚持下去而产生得到的。"这就是生命的庄严处。早年，他投身于文坛，是用笔描绘湘西那一方土地，以此报效祖国和人民，虽历经磨难，终不改其志；解放后，客观环境使他难以再用创作来报效人民，并以"改行"的方式寻找人生的意义。一位享有盛誉的作家如普通人一般去为文物抄写标签时，他并没有感到委屈而愤愤不平，相反，从那点和线、斑斑锈痕中寻找到了生命的意义。他埋首于一罐一瓦之中，充满自信和从容地研究着，全不顾及社会的歧视与冷遇。20世纪80年代初，沈从文的文物研究和他半个世纪前的作品重又出版时，面对接踵而来的种种赞誉和荣誉，沈从文依然一如既往，保持平和的心境。

沈从文就是这样，他所关注的是对这社会能做些什么，善于摆正自己在生活中的位置。他尽量采用平淡自然的方式，避免与社会环境发生对立，通过"改行"重新找到自己的位置。因此，历经几十年的风风雨雨，他始终能超然物外，什么名誉、地位、奖赏、财富，比起他自我价值的实现，已显得不重要了。他那对生活意义的追寻，正是他完美人格的体现。也正因为如此，他才能在别人看来令人烦恼的生存环境中保持心灵的平和。

追寻生存的意义，以摆脱名利纠缠，在令人难以忍受的生存环境中泰然自若，持平守常，这样的修身养性方式更适合现代人的需求。

随缘心语：

人为什么活着？怎样活得更有意义？一个有理想有抱负的人，他绝不会汲汲于功名利禄，而是更看重自我价值实现的过程。因此，他们对外界的诱惑有很强的抵制力，能保持一颗平常心。

7. 接受蔑视，然后奋发图强

人生在世，难免会受到他人的嘲讽甚至侮辱，多数人受到嘲弄之后，免不了抱怨不断，但仅仅抱怨有何意义呢？人要知耻而后勇，不在嘴上逞英雄，要以行动图改变。这也是一种随缘的态度，随顺当前环境因缘，从善如流，在机缘来时，趁势而行，努力有所收获。

鲁迅先生年轻时，因为"知道了日本维新是大半发端于西方医学的事实"，于1902年赴日本留学，"预备卒业回来，救治像我父亲似的被误病人的疾苦，战争时候便去当军医，一面又促进了国人对于维新的信仰"。然而，几年后，鲁迅却毅然决然地弃医从文了。是因为在日本学习期间，一件偶然发生的事情改变了鲁迅的一生。一天，学生看电影，银幕上出现了这样一个镜头：当一个被绑着的中国人，正要被日军砍头示众时。他的左右围着许多来看热闹的中国人。观者虽然体格健壮，但神情麻木。演到这里，日本学生中响起了一阵掌声。这掌声强烈地刺痛了鲁迅的心。作为一个中国人，他觉得受了莫大的污辱，内心感到十分痛苦．意识到"凡是愚弱的国民，即使体格如何健全，如何茁壮，也只能做毫无意义的示众的材料和看客，病死多少是不必以为不幸的。所以我们的第一要著，是在改变他们的精神……"从此，他毅然弃医从文，用战斗的笔来抨击邪恶，唤起民众。荷兰哲学家斯宾诺莎也说："耻辱是从我们感觉羞耻的行为产生的一种痛苦。"这种耻辱产生的痛苦便是鲁迅弃医学文的动力，便是对鲁迅拯救国民的呐喊。

　　荣誉可以成为一个人进步的动力，在一定条件下，耻辱也能达到荣誉的这种功效。

　　法国化学家维克多·格林尼亚，他获得过诺贝尔化学奖，受到世界人民的尊敬。就是这样一位伟人，原先竟是一个浪荡公子。

　　在一次上流社会的午宴上，他发现了一个初次会面的美人，便傲然地邀其作为舞伴，不料却遭到对方的断然拒绝。当格林尼亚得知她是来自巴黎的一位女伯爵时，立即上前致歉，女伯爵更加冷漠地对他说："请站远点，我最讨厌你这种花花公子挡住我的视线。"这是格林尼亚从来没有领教过的羞辱。

　　可是，这令人无地自容的耻辱，并没有使格林尼亚失去理智。他像一个昏睡的人被猛击一掌后突然清醒过来一样，开始对自己的过去产生了悔恨之情。他留下一封家信，悄悄地离开了家乡。信中写道："请不要探询我的下落，容我刻苦努力地学习。我相信将来会创造出一些成绩来的。"果然，八年以后他成了著名的化学家，不久又获得了诺贝尔化学奖。

　　受一时之辱并不可怕，关键是看你如何对待耻辱。一个人蒙受耻辱，往往会有两种态度：一是不以为耻，更不愿意从自己身上去寻找蒙受耻辱的原因。这种人只能是永远蒙受耻辱，永远不会前进。而另一种是产生羞愧之心，于是从自己身上去寻找蒙受耻辱的原因，并由羞愧而产生一股巨大的向上的力量，去战胜和洗刷耻辱，从而获得成功。

　　当你处在逆境中时，别人的冷嘲热讽似乎对你打击很大，但是仔细思考，也许会带来意外的收获。你最应该做的不是捶胸顿足，而是发奋努力，做出点成绩来，让那些讽刺你的人看看。林卜三司建立的一个小小的、丝毫不会引人注目的化学实验室经过多年的发展，成为了世界最著名的科技研究公司之一。

1942年的一天，许多企业家在一次集会上，谈论科学和生产的关系。一位大亨高谈阔论，藐视科学，认为科学只是一些所谓的"科学家"骗饭的手段，并且否定科学的作用。

崇拜科学，并且稍有作为的林卜三司带着微笑，平静地向这位大亨解释科学对企业生产的重要作用。这位大亨对此不屑一顾，还嘲讽了林卜三司一番。最后他挑衅地说："我的钱太多了，现有的钱袋已经放不下。想找猪耳朵做的丝钱袋来装。如果你所说的科学能帮这个忙，做成这样的钱袋，大家都会把你当科学家的，大家也都会相信你所说的科学的。"

聪明的林卜三司听出了大亨的弦外之音，气得嘴唇直抖，但还是抑制住了自己，表面仍旧非常谦虚地说："谢谢你的指点，我会努力的。"

林卜三司回去之后，暗中将市场上的猪耳朵收购一空。购回的猪耳朵被林卜三司公司的化学家分解成胶质和纤维组织，然后又把这些物质制成可纺纤维，再纺成丝线，并染上各种不同的美丽颜色，最后编织成五光十色的丝钱袋。这种钱袋投放市场后，顿时被一抢而空。

"用猪耳朵制丝钱袋"，这一个听起来荒诞不经的恶毒挑衅被粉碎了。那些不相信科学是企业的翅膀，同时也看不起林卜三司的人，不得不对林卜三司刮目相看。尤其是那位大亨，亲自登门表示歉意，并且希望能与他取得工作上的合作。

林卜三司面对挑衅，不露声色，暗地里却做好准备，收购猪耳朵，并通过科学的方法将猪耳朵制成丝钱袋，从而粉碎了大亨的恶毒挑衅，一举成名。

这说明了，当一个人处在逆境中，受到别人的冷嘲热讽时，情绪上的对立和反击甚至报复，是无济于事的，并不会因此而得到一点好处、一丝长进，也不会因此就一下子令人折服。最好的做法就是，情绪退，事业进。以事业的成功来洗刷侮辱，让人对你刮目相看。

这样的例子还有很多：

外交家爱尔博德开始时，从事小说创作失败了，他从事诗歌创作又失败了，他那稚气未脱的演讲也几乎成了对手的笑柄。然而他却顶住了所有的讥笑，努力奋斗，最终向社会、向大家证明了自己的价值。他的人生又是怎样一条不受命运摆布、奋起抗争的道路啊！

我们有理由相信，情绪上的反抗无济于事，只有把时间和精力花在事业上，才能走向希望和成功。把别人的蔑视当作一种动力，要学会感谢这样的人。感谢伤害你的人，因为他磨炼了你的心志；感谢羁绊你的人，因为他强化了你的双腿；感谢欺骗你的人，因为他增进了你的智慧；感谢藐视你的人，因为他觉醒了你的自尊；感谢遗弃你的人，因为他教会了你独立。

随缘心语：

人要知耻而后勇，不在嘴上逞英雄，要以行动图改变。这也是一种随缘的态度，随顺当前环境因缘，从善如流，在机缘来时，趁势而行，努力有所收获。

8. 有些事，根本不必放在心上

　　不知你是不是这样的人，做什么事都很在意别人的眼光，生怕给别人留下不好的印象，总觉得别人是很在乎你的，于是，你每走一步都思前想后，每做一件事之后都会有许多后悔和担忧。正因为被这些想法不断地折磨，你越来越觉得烦闷，越来越觉得生活很累。倘若果真如此，那你与快乐生活便背道而驰了。其实，你的烦闷和苦累完全是你自己造成的，是你自己太在意自己，而不是别人太在意你。如果你现在正在什么地方受了冷落、被人忽视，不要怨气冲天，你应该记住，你是个普通人，没有人会太在意你的。

　　有一位部门经理，因为工作的变动到了一个新的部门，这个部门似乎没有以前的职位风光，没有以前的地位显赫，于是他总是担心别人会有什么其他的想法："怎么回事，是不是犯了错误而下来了。"等等，虽然是正常的工作调动，而且也是自己一直希望的，但还是担心别人会说些什么，于是没事时待在家中好久也没有露面。

　　有一天在大街上遇到一个熟人，熟人问："你不做经理啦？调到哪儿去了？"这位先生说："不做了，调北京办事处去了。"熟人说："好呀，祝贺你！"这位先生笑笑："有时间去玩呀。"然后作别。但是心里总有一种淡淡的感觉，害怕熟人是在笑话他。

过了不久，恰巧在某处又碰到了那位熟人，熟人说："听说你不做经理了，调哪儿去了呢？"这位先生觉得这人怎么这样，这么不在意人，不是同你说过了吗？但最后还是淡淡地说："我调北京办事处去了，有时间去玩。"熟人好像一下子恍然大悟："对了对了，你说过的，对不起呀对不起，我忘了。"听了他这话，这位先生心里突然清朗起来，好像是一下子悟出了什么来。是呀，自己整天担心别人说什么，整天把自己太当回事，而别人早把自己忘了，于是，照旧同原来一样，同朋友们一起喝酒聊天，大家依然是那样的热情，依然是那样的真诚和开心。

其实，所有的不堪和烦恼，只是自己杯弓蛇影的自恋和自虐而已，所有的担心和疑惑，全是自己的原因。在别人的心中，自己并不是那么重要的呀！

生活中常常碰到的许多事，比如说了什么不得体的话，被他人误会了什么，遇到了什么尴尬的事等等，大可不必耿耿于怀，更不必揪住所有人做解释，因为事情一旦过去，没有人还有耐心去理会别人曾经说过的一句闲话，一个小的过失和疏忽。你那么念念不忘，说不定别人早已忘记了，不要太把自己当回事了。反过来我们也可以问问自己，别人的一次失误或尴尬，真的会总在你的心头挥之不去，让你时时惦念吗？你对别人的衣食住行真的就是那么关心，甚或超过关心自己吗？人生中有那么多事，每个人自己的事都处理不完，没有多少人还会去关心与自己不太相关的事情，只要你不对别人造成什么伤害，只要不是损害了别人的什么利益，没有什么人会对你的失误或尴尬太在意的，也许第二天太阳升起的时候，别人什么事都没有了，只有自己还在耿耿于怀。所以你要明白，在别人的心中，你没有那么重要。

知道了这一点，你就可以放心大胆地追求你想要的生活，只要不是有违道德和法律的事情，只要是合情合理的事情，只要不是有意犯的错误，你都不必总在心里掂量来掂量去，该做的就去做，该不在意的就别去在意，何必让那些无谓的担心破坏你美好的生活呢？

随缘心语：

你的烦闷和苦累完全是你自己造成的，是你自己太在意自己，而不是别人太在意你。如果你现在正在什么地方受了冷落、被人忽视，不要怨气冲天，你应该记住，你是个普通人，没有人会太在意你的。

卷五
顺也好，逆也好，苦乐随缘

　　对于人生而言，"一帆风顺"从来都是美好的期待，这种期待只是对某一个阶段来说的。在人生这个长长的生命周期里，任何人都是要经历坎坷和不幸的。没有全顺，当然，也不可能全是逆境。面对难料的境遇，我们一定要抱持一种苦乐随缘的态度，坦然接受不可更改的现实，努力渡过难关，这便是对人生最负责的选择。

1. 挫折来了，迎接它就是了

在这个科技不断发展、竞争白热化的时代，我们每个人随时都将面临被淘汰的局面。经济危机、就业危机使我们中的一部分人陷入了无限的焦虑，甚至是恐惧，这种情绪给我们的心理施加了压力，进而导致了我们悲观绝望的心态。我们应当努力克服它，学会在黑暗中寻找光明。

生活中失败和挫折是难免的，问题的关键是当挫折和失败来临时，我们应该仔细地分析它，进而得到解决问题的方法。千万不要放大挫折，它未必是我们想象的那么糟，更不要把失败归结于命运，认为所有的挫折都是冥冥之中注定的。这样的话，在困难面前，我们会失去主动权而变得尤为被动。

人人都品尝过芝麻蕉，当提到芝麻蕉的时候，我们也许会不由自主地回味起它的香甜，但是否知道它的由来呢？下面我们一起分享一个化阻力为动力的故事，希望你能从中获得启发。

在美国的一个小镇，有一位在市场上卖香蕉的小贩，由于他人缘特别好，再加上他所卖的香蕉品质上乘，所以生意一直非常好。有一天，在市场的一个角落突然冒出了火苗，并四处燃烧起来。还好消防车来得快，很快地把火扑灭了，所以火苗并没有烧到这位卖香蕉小贩的摊位。但是由于温度过高，隔了没多久那些香蕉的表皮上全都长满了一些黑色的小斑点，虽然肉质并没有变坏，但是看起来总是不雅。谁还会买来吃呢？

小贩眼看着就要亏本，心中十分懊恼。但问题既然发生了，总是要解决的，他相信一定会有办法。趁市场重新整修之际，他换了个地方继续卖香蕉，结果竟然还销售一空了。

原来当他一筹莫展望着香蕉的时候，突然灵感闪现。他想：香蕉上长满了黑色小斑点，远远看去就好像芝麻撒在香蕉上一样，既然如此，为什么不给它取个"芝麻蕉"的新名称？结果引起了大家的好奇，大家相信这种香蕉一定是更香更甜，味更美，所以争相购买，成了畅销品。

通过这个故事，我们是否悟出这样一个道理：我们在困境中如果能保持乐观的想法，那么，我们终究会获得摆脱困境的方法。如果我们只盯着当时不好的局面，让困惑笼罩，我们的问题不但不会得到解决，反而会更加恶化。当我们为没有鞋穿而苦恼时，有人已失去了脚；当我们为没有脚而痛苦时，也许有人连生命都失去了。

切记：凡事都往好处想。

有尊佛像与其他的佛像大异其趣。他光着大肚皮坐卧于地，咧嘴露牙地捧腹大笑，看起来特别具有亲和力及喜悦感。他便是"大肚能容，容天下难容之事；开口便笑，笑世间可笑之人"的弥勒佛。

弥勒佛之所以有令人敬服的特质，就在于他的"豁达大度"。一件事有许多角度，如有好的一面，亦有坏的一面；有乐观的一面，亦有悲观的一面。若凡事皆能往好的、乐观的方向看，必将会希望无穷；反之，一味往坏的、悲观的方向看，定觉兴致索然。

凡事往好的方面想，自然会心胸宽大，也较能容纳别人的意见。宽大的心胸，不但可以使自己从另外的角度去看事情，更能使自己过上悠然自得的日子。

所以，不要在困难挫折来临时只知道沉浸在痛苦中了，如果你自己不主动改变，不主动寻求光明的话，没有人可以帮你走出黑暗。如若能乐观地面对问题，你就可能找到问题的突破口，让阳光照射进来。

随缘心语：

生活中失败和挫折是难免的，问题的关键是当挫折和失败来临时，我们应该仔细地分析它，进而得到解决问题的方法。千万不要放大挫折，它未必是我们想象的那么糟，更不要把失败归结于命运，认为所有的挫折都是冥冥之中注定的。这样的话，在困难面前，我们会失去主动权而变得尤为被动。

2. 接受不可避免的事实，生活才不会失衡

俄国作家列夫·托尔斯泰说："人生不是一种享乐，而是一桩十分沉重的工作。"月有阴晴圆缺，人有旦夕祸福。人生不可能永远一帆风顺，人生旅程中，如同穿越崇山峻岭，时而风吹雨打，困顿难行，时而雨过天晴，鸟语花香。当苦难当道时，有的人自怨自艾，意志消沉，从此一蹶不振；而有的人则不屈不挠，与苦难作斗争，他们是生活的强者。

苦难是人生的必修课，强者视它为垫脚石，视它为一笔财富，他们的成绩是优秀；弱者视苦难为绊脚石、万丈深渊，被它压垮，他们的成绩是不及格。天将降大任于人，必先苦其心志。苦难是人生的沃土，是磨炼意志的试金石。不经三九苦寒，哪来傲雪梅香？曹雪芹没有贫困潦倒的磨难，哪里会有《红楼梦》？司马迁不忍受宫刑，就不会有举世不朽的《史记》；没有苦难，就没有激励几代人的《钢铁是怎样炼成的》。苦难从古至今都是人生的一笔宝贵财富。勇者在苦难面前永远都不会低下高贵的头。

"经营之神"松下幸之助从不向命运低头。9岁时，因为家境贫困，他不得不外出赚取生活费。他远赴大阪谋职，母亲为他准备好行囊，并送他到车站。临行前，母亲饮泣地向同行的人诚恳地拜托："这个孩子要单独去大阪，请各位在旅途中多多关照。"母亲悲凄的背影给了他深

刻的印象。

不久，松下幸之助来到大阪，在船场火盆店当学徒，从此开始了艰苦的谋生。小小年纪，远离亲人，在那个陌生的世界里他感到孤单无助，似乎丧失了生活的信心。

有一次，店主叫住他，递给他一个五钱的白铜货币，说是薪水。他吃惊极了，他从来没有见过五钱的白铜货币，这对穷人家的孩子来说，是一个相当可观的数目。报酬激起了他工作的狂热，也扬起了他奋斗的风帆。

靠着不可思议的欲望的支持，他变得更坚强。他不辞辛苦地打杂，磨火盆，有时，一双手被磨得皮破血流，连提水打扫的活儿都干不了，但他咬牙挺了下来。渐渐地，松下幸之助掌握了自己的命运。

上帝是公平的，他在把苦难撒向人间的时候，往往准备好了厚重的回报等着勇士去拿。当苦难不期而至时，我们要视苦难为财富、为机遇，向它宣战。当你成功地征服它之后，就能拿到上帝的回报，捧起金灿灿的奖杯，真切地感受到生活的甘甜、人生的价值。

许多磨难我们是无法逃避的，也是无所选择的，我们只能接受。

一位很有名气的心理学教师，一天给学生上课时拿出一只十分精美的咖啡杯，当学生们正在赞美这只杯子的独特造型时，教师故意装出失手的样子，咖啡杯掉在水泥地上成了碎片，这时学生中不断发出了惋惜声。教师指着咖啡杯的碎片说："你们一定对这只杯子感到惋惜，可是这种惋惜也无法使咖啡杯再恢复原形。今后在你们生活中发生了无可挽回的事时，请记住这破碎的咖啡杯。"

这是一堂很成功的素质教育课，学生们通过摔碎的咖啡杯懂得了，人

卷五
顺也好，逆也好，苦乐随缘

在无法改变失败和不幸的厄运时，要学会接受它，适应它。

荷兰阿姆斯特丹有一座15世纪的教堂遗迹，有这样一句让人过目不忘的题词："事必如此，别无选择"。

命运中总是充满了不可捉摸的变数，如果它给我们带来了快乐，当然是很好的，我们也很容易接受。但事实却往往并非如此，有时，它带给我们的会是可怕的灾难，这时如果我们不能学会接受它，如果让灾难主宰了我们的心灵，那生活就会永远地失去阳光。如果包容苦难，战胜苦难，苦难就会成为我们的财富。

小时候，汉斯和几个朋友在密苏里州的老木屋顶上玩，汉斯爬下屋顶时，在窗沿上歇了一会，然后跳下来，他的左食指戴着一枚戒指，往下跳时，戒指钩在钉子上，扯断了他的手指。

汉斯尖声大叫，非常惊恐，他想他可能会死掉。但等到手指的伤好，汉斯就再也没有为它操过一点心。有什么用？他已经接受了不可改变的事实。

现在汉斯几乎忘了他的左手只有大拇指与三根手指。

有一次，汉斯在纽约市中心的一座办公大楼电梯里，遇到一位男士，汉斯注意到他的左臂由腕骨处切除了。汉斯问他这是否会令他烦恼，他说："噢！我已很少想起它了。我还未婚，所以只有在穿针引线时觉得不便。"

我们每个人迟早都要学会这个道理，那就是我们只有接受并配合不可改变的事实。"事必如此，别无选择"，这并非容易的课程。即使贵为一国之君也应该经常提醒自己。英王乔治五世在白金汉宫的图书室就挂着这句话："请教导我不要凭空妄想，或作无谓的怨叹。"哲学家叔本华曾表达过相同的想法："逆来顺受是人生的必修课程。"显然，环境不能决定我们是否快乐，我们对事情的反应反而决定了我们的心情。耶稣曾说："天堂在你心内，当然地狱也在。"我们都能度过灾难与悲剧，并且战胜它。也许我们察觉不到，但是我们内心都有更强的力量帮助我们度过。我们都比自己想的更坚强。

已故的美国小说家塔金顿常说："我可以忍受一切变故，除了失明，我绝不能忍受失明。"

可是在他六十岁的某一天，当他看着地毯时，却发现地毯的颜色渐渐模糊，他看不出图案。他去看医生，得到了残酷的事实：他即将失明。有一只眼差不多全瞎了，另一只也将接近失明，他最恐惧的事终于发生了。塔金顿对这最大的灾难如何反应呢？他是否觉得："完了，我的人生完了！"完全不是，令他惊讶的是，他还蛮愉快的，他甚至发挥了他的幽默感。这些浮游的斑点阻挡他的视力，当大斑点晃过他的视野时，他会说："嗨！又是这个大家伙，不知道他今早要到哪儿去！"完全失明后，塔金顿说："我现在已接受了这个事实，也可以面对任何状况。"

为了恢复视力，塔金顿在一年内得接受十二次以上的手术。只是采取局部麻醉！他会抗拒它吗？他了解这是必需的，无可逃避的，唯一能做的就是优雅地接受。他放弃了私人病房，而和大家一起住在大众病房，想办法让大家高兴一点。当他必须再次接受手术时，他提醒自己是何等幸运："多奇妙啊，科学已进步到连人眼如此精细的器官都能动手术了。"

平凡人如果必须接受十二次以上的眼部手术，并忍受失明之苦，可能早就崩溃了。塔金顿却说："我不愿用快乐的经验来替换这次的体会。"他因此学会了接受，并相信人生没有任何事会超过他的容忍力。如约翰·弥尔顿所说的，此次经验教导他"失明并不悲惨，无力容忍失明才是真正悲惨的"。

面对不可避免的事实，我们就应该学着做到诗人惠特曼所说的那样：

"让我们学着像树木一样顺其自然，面对黑夜、风暴、饥饿、意外与挫折。"

一个有十二年养牛经验的牧羊人说过，他从来没见过一头母牛因为草原干旱、下冰雹、寒冷、暴风雨及饥饿，而会有什么精神崩溃、胃溃疡的问题，也从不会发疯。

面对现实，并不等于束手接受所有的不幸。只要有任何可以挽救的机会，我们就应该奋斗！但是，当我们发现情势已不能挽回了，我们就最好不要再思前想后，拒绝面对。要接受不可避免的事实，唯有如此，才能在人生的道路上掌握好平衡。

随缘心语：

命运中总是充满了不可捉摸的变数，如果它给我们带来了快乐，当然是很好的，我们也很容易接受。但事实却往往并非如此，有时，它带给我们的会是可怕的灾难，这时如果我们不能学会接受它，如果让灾难主宰了我们的心灵，那生活就会永远地失去阳光。如果包容苦难，战胜苦难，苦难就会成为我们的财富。

3. 无法改变现实，但却可以改变自己

有时候，当我们确实处于恶劣的客观环境中，无力无望改变现实，那就随缘接受现实好了。但这并不意味着你要在现实中悲观沉沦，反而要在现实中活出自己的精神。那么如何使自己不溺于败局，而保持开朗和拥有力量呢？

请看下面的一个例子：

弗洛伊德认为人的性格在幼年时期就已经定型，而且会影响人的一生，日后改变的可能性微乎其微。林克却否定了他的这种说法。

林克身为犹太裔心理学家，二战期间被关进纳粹集中营，遭遇极其悲惨。他的父母、妻子和兄弟均死于纳粹的魔掌，唯一的亲人只剩下一个妹妹。他本人更是受到严刑拷打，朝不保夕。

有一天，他赤身独处于囚室，忽然之间顿悟，产生了一种全新的感受——日后命名为"人类终极的自由"。当时他只知道这种自由是纳粹德寇永远也无法剥夺的。从客观环境上来看，他完全受制于人，但自我意识却是独立的，超脱于肉体束缚之外。他可以自行决定外界的刺激对本身的影响程度。换句话说，在刺激与反应之间，他发现自己还有选择如何反应的自由与能力。

他在脑海里设想各式各样的情况。譬如，获释后将如何站在讲台上，

把在这一段痛苦折磨中学得的宝贵教训，传授给自己的学生。凭着想象与记忆，他不断锻炼自己的意志，直到心灵的自由终于超越了纳粹的禁锢。他的这种超越也感染了其他的囚犯，甚至狱卒。他协助狱友在苦难中找到意义，寻回自尊。处在最恶劣的环境中，林克运用难得的自我意识天赋，发掘了人性中最可贵一面，那就是人有"选择的自由"。这种自由来自人类特有的四种天赋。除了自我意识，我们有"良知"，能明辨是非和善恶；还有"想象力"，能超出现实之外；更有"独立意志"，能够不受外力影响，自行其是。

林克在狱中发现的人性准则，正是我们营造自治自立人生的首要准则——自由择志。自由择志的含义不仅在于采取行动，还代表人必须为自己的行为负责。个人行动取决于人本身，而不是外在环境。理智可以战胜情感，人有能力、也有责任创造有利的外部环境。

当我们对外部自由无能为力时，也不要放弃，要培养自我的心灵自由，将自我引向积极和美好的一面。始终在内心积聚力量，等待时机，最终为自己赢来好的外在环境。

生活总是这个样子，想美好的事情，你就会找到快乐；想失意的事情，就会走向失望的深渊，无力面对生活！

一定要记住，你有选择的力量。选择健康、快乐和幸福，你的潜意识就会接受，并使你成为这样的人；选择做一个健康、快乐、友善的人，整个世界就会跟着反应。

随缘心语：

当我们确实处于恶劣的客观环境中，无力无望改变现实，那就随缘接受现实好了。但这并不意味着你要在现实中悲观沉沦，反而要在现实中活出自己的精神。

随

缘

4. 保持正常的心态，多一点对生活的善意

面对挫折，人一般有两种反应：一种是很在乎，一种是不在乎。心理素质好的人不会把倒霉当作什么事儿，可心理素质稍微差一些的人就不同了。他们认为上天不公，于是怨天尤人，甚至心怀怨恨，于是以前一个热情的人也会变得冷漠，以前一个善良慈爱的人也会开始生恨。

于是在陌生人问路时，他不会动动嘴，而是不理不睬，或者故意指错方向；马路上有人丢了东西，他看在眼里，绝不会喊他一下；散步时踩到一块石子，不是踢到路边去，而是踢到路中间；单位来了新同事，没有给他一个微笑，而是冷眼欺生；有人遇到倒霉事，他更加不会安慰几句，而是站在一旁幸灾乐祸；有人做了好事，他也不满，全是一股嫉妒之心；等等。

倒霉之后，是保持正常的心态，还是带着恶意去生活，其实是一个态度的选择，而且是一种很重要的选择，每个人都绕不过去的。选择善意的人心情是明朗的，愉快的、坦荡的、温馨的；选择恶意的人，心境常常是阴暗的、烦躁的、猥琐的。这种善说不上大善，这种恶说不上大恶。但日积月累的善意和恶意，却会使人发生质的分化。向善会使人升华为高尚，向恶会使人堕落为卑劣。向善的人会生活平静，一步步走向成功；向恶的人会事事觉得不顺，一步步走向失意。比如生活中，国人最讨厌也最常见

的"长舌妇"或者"长舌男"，几乎每个单位都会有。仔细观察一下，我们会惊讶地发现，这些人几乎无一例外都是些生活中的失意者。一个家庭幸福、工作顺利的人，一般不会做这种事。这类人不做正经事或者做不了正经事，就无事生非，平日连看人的眼神都不对，鬼鬼祟祟、伸头探脑，打探人的隐私，散布一些流言，今天捣鼓张三，明天捣鼓李四，人见人怕，还自以为得意。但如果把精力放在这上头，就说明他或她的日子已经不妙了。一个在生活中让别人都害怕的人，肯定是一个被孤立的人，在别人心里又是最没有分量的人，当然会被人轻视。被人轻视又会造成他或她更大的失落和不如意。如此恶性循环，终至变态扭曲，狂躁不安，把自己弄得灰头土脸。这种人既不会有家庭幸福，也不可能享受到同事朋友间的友谊，事业也难有所成。

向善，多一点生活的善意，是一种生活的选择，也是一种人生的境界。你日积月累的是阳光，生活自然会充满灿烂。

随缘心语：

向善会使人升华为高尚，向恶会使人堕落为卑劣。向善的人会生活平静，一步步走向成功；向恶的人会事事觉得不顺，一步步走向失意。

5. 生活不会亏待每一位热爱她的人

人生如浩瀚神秘的大海，时而风平浪静，一碧万顷；时而狂飙怒号，浊浪裂岸。

人生如变幻莫测的天空，瞬息阳光挥洒，白云悠扬，彩虹飞架；瞬息乌云密布，电闪雷鸣，风狂雨暴。

人生如一支优美动听的乐曲，一段高昂激荡，震天动地，促人警醒；一段浑厚低沉，婉转回肠，催人泪下。

人生如四季，春天鸟语花香，生机勃勃；夏天水清叶绿，骄阳似火；秋天金黄灿烂，馨香浓郁；冬天银装素裹，深沉睿智。

人生有喜有悲、有聚有散、有乐有苦、有得有失、有沉有浮、有爱有恨、有生有死。

为人夫者有丈夫的甜蜜和苦衷，为人妻者有妻子的幸福和辛酸，做父母的有父母的安慰和艰辛，做儿女的有儿女的骄傲和屈憋。从政者有官场上的得意和危机，经商者有商海的亨运和风险，农耕者有田园的安逸和艰难，治学者有纸墨的雅趣和清贫。

人生得意时，不可欣喜若狂，目空一切；人生失意时，切忌长吁短叹，自暴自弃。人生得意时，要珍惜生活，清醒头脑，不管别人阿谀奉承还是献媚恭维；人生失意时，要热爱生活，振作精神，不管别人指手画脚还是热讽冷嘲。

也许一个梦难圆，一个理想未能实现。来一次开怀畅饮，对月长歌又何妨？

笑对人生——相信生活不会亏待每一位热爱她的人。

生命的航船难免遇到险滩恶浪，如何驾驶生命的小舟，让它迎风破浪，驶向成功的彼岸？这需要你我的勇气，不管风吹浪打，胜似闲庭信步，以百折不挠的意志去面对困难，以一种平常心去面对挫折，自信天生我材必有用，相信你会从"山重水复疑无路"峰回路转至"柳暗花明又一村"，迎接你的必将是山巅的无限风光。人生难免有起伏，没有经历过失败的人生不是完整的人生。没有河床的冲刷，便没有钻石的璀璨；没有地壳的底蕴，便没有金子的辉煌；没有挫折的考验，也便没有不屈的人格。正因为有挫折，才有勇士与懦夫之分，愿你我都能做不屈的斗士。记住"天将降大任于是人也，必先苦其心志，劳其筋骨，饿其体肤，空乏其身，行拂乱其所为，所以动心忍性，增益其所不能"。这便是磨难、逆境塑造人！人的一生，需要奋斗，唯有奋斗，才有成功！幸运的花环，只属于那些做好了特殊准备的人。在奋斗中寻找乐趣，与天奋斗，其乐无穷。当你播洒的汗水结出丰硕的果实，你必然会体会到成功的欣喜，从而树立自信，更加坚定地奋斗不息。

勉励自己关怀社会，有太多事情需要我们出手帮忙。很多人对人不尊重、对事不负责、对自己不要求、对物不珍惜、对神不感恩、遇到挫折情绪就翻腾——这是拿情绪惩罚自己、拿错误惩罚别人。告诉自己，挫折只是一件事，不能占据你的心，否则就是把快乐拒于门外；相对的，满心的快乐，挫折就进不来。

卷五
顺也好，逆也好，苦乐随缘

一张笑脸，一个真挚的眼神，一句知心的话，都会给处于困境中的人以莫大慰藉，以融化他们心中的坚冰，鼓起生活的希望，增强生活的信心，让漂泊在黑暗之中的心灵小舟找到停泊点。敞开你的心扉，微笑面对生活，用一颗心去拥抱生活，让灿烂的笑靥荡漾在青春脸庞，向世界呐喊："活着真好，青春无悔，人生无悔！"

随缘心语：

人生得意时，不可欣喜若狂，目空一切；人生失意时，切忌长吁短叹，自暴自弃。人生得意时，要珍惜生活，清醒头脑，不管别人阿谀奉承还是献媚恭维；人生失意时，要热爱生活，振作精神，不管别人指手画脚还是热讽冷嘲。

6. 灾难不会永存，奇迹总会出现

克罗地亚的塞拉克可说是世界上最倒霉的人了，关于他的事迹可谓层出不穷。

他一生中经历过七次大难、四次失败婚姻，可谓"最不幸的人"。

塞拉克所经历的人生第一次灾难是1962年。当时他正坐火车从萨拉热窝到杜布洛夫尼克去，火车行驶在半路上时发生意外，快速行进中的火车出了轨，陷入一条冰冻的河流。17名乘客溺水而死，塞拉克的一只胳膊碰断了，身体部分擦伤，体温降到很低水平，但他仍艰难地爬到了河岸上。

一年以后，塞拉克乘坐一架DC—8型飞机从萨格勒布到里耶卡去，这次又遇上了意外事故。飞机的舱门被强风吹开，机上大部分乘客被强大的气流吸了出去，塞拉克也未能幸免。19人被摔死，但塞拉克最后却"降落"在一座干草堆上，再次躲过了一劫。

1966年，塞拉克在斯普利特所乘坐的一辆巴士汽车翻入一条河里，致使四人丧生。塞拉克爬到车外，游到安全的地方。除了身上部分地方有擦伤、划伤之外，他的健康根本没有什么大碍。

塞拉克所遭受的第四次大灾发生于1970年。当时他正开车沿着一条高速公路行驶，不知怎么回事，他的车子突然起火了。没有多想，他便赶忙钻出车外，迅速离开了出事的汽车，几秒钟后，汽车的油箱爆炸了。

经历过以上四次大难而不死后，朋友们开始称呼他为"幸运先生"，他表示："对这个问题可以有两种不同的看法，我要么是世界上最倒霉的人，要么是世界上最幸运的人，我喜欢相信后一种观点。"

三年后，塞拉克在一次事故中丢掉了大部分头发。那时候，他开的是一辆"沃特伯格"汽车。有一天，汽车的燃油泵出了点毛病，他正低头检查时，燃油泵喷出的汽油浇在了烧得正热的发动机上，火苗通过发动机的气孔立即蹿了起来，他躲闪不及，头发被烧掉了大部分。

1995年，第六次变故来临了。他在萨格勒布被一辆巴士汽车给撞倒在地上，不过还好，他只是受了点轻伤，休克了一会儿。第二年，他自己开车在山区行驶，车到一处山角转弯时，一辆联合国工作人员乘坐的汽车迎面开了过来。情急之下，他把自己开的斯科达汽车往山崖边上的交通护栏上开去，车子越过护栏开始向下坠去，塞拉克在最后一刻跳出了司机座位，落在悬崖上的一棵树上，他的车在他身下300英尺深的山谷爆炸了。

据塞拉克自己讲，他先后结过四次婚，但每次都以失败而告终。

可2003年发生的一件事情让他成了"世界上最幸运的人"。40年来从未买过幸运彩票的他买了有史以来的第一张乐透彩票，结果他竟中了头奖！这使得他一下子得到60万英镑的巨额奖金。赢得60万英镑大奖后，塞拉克表示，"我想，我的婚姻和我经历的大灾大难一样，对我来说也都是灾难。"

这位从"最不幸运的人"变为"世界上最幸运的人"的人今年已经74岁，在确认自己赢得大奖的消息后他高兴地说："现在我准备好好地享受生活了，我感到自己好像获得了新生。我知道这么多年来上帝一直在关注着我。"塞拉克准备拿这笔钱买一座房子、一辆汽车，再买一艘快速游艇，然后再和比自己小20岁的女友结婚成家。

如果他没有得到最后的幸运，他是不是就该感到绝望呢？一个74岁高龄的老人，在生命即将燃尽的时候，还能对人生有什么期待呢？然而奇迹却发生了。人生其实是对信念的一种考验，而灾难绝不会永存。

随缘心语：

在多次苦难降临的时候，心灵脆弱的人恐怕不再相信未来，然而，那些最终能享受到生命之爱的，都是心中有信念，胸中有担当的人。坦然地接受现实，换个心情坚定地走下去，要相信，灾难不会永存。

7. 没有永久的不幸，迟早会转运

宾夕法尼亚州匹兹堡有一个女人，她已经34岁了，过着平静、舒适的中产阶层的家庭生活。但是，她突然连遭四重挫折的打击。丈夫在一次事故中丧生，留下两个小孩。没过多久，一个女儿被烤面包的油脂烫伤了脸，医生告诉她孩子脸上的伤疤终生难消，母亲为此伤透了心。她在一家小商店找了份工作，可没过多久，这家商店就关门倒闭了。丈夫给她留下一份小额保险，但是她耽误了最后一次保费的续交期，因此保险公司拒绝支付保费。

碰到一连串不幸事件后，女人近于绝望。她左思右想，为了自救，她决定再做一次努力，尽力拿到保险补偿。在此之前，她一直与保险公司的下级员工打交道。当她想面见经理时，一位多管闲事的接待员告诉她经理出去了。她站在办公室门口无所适从，就在这时，接待员离开了办公桌。机遇来了。她毫不犹豫地走进里面的办公室，结果，看见经理独自一人在那里。经理很有礼貌地问候了她，她受到了鼓励，沉着镇静地讲述了索赔时碰到的难题。经理派人取来她的档案，经过再三思索，决定应当以德为先，给予她赔偿，虽然从法律上讲公司没有承担赔偿的义务。工作人员按照经理的决定为她办了赔偿手续。

但是，由此引发的好运并没有到此终止。经理尚未结婚，对这位年轻寡妇一见倾心。他给她打了电话，几星期后，他为寡妇推荐了一位医生，医生为她的女儿治好了病，脸上的伤疤被清除干净；经理通过在一家大百货公司工作的朋友给寡妇安排了一份工作，这份工作比以前那份工作好多了。不久，经理向她求婚。几个月后，他们结为夫妻，而且婚姻生活相当美满。

你看，挫折真的不会长久延续下去。有位名人说过"没有永久的幸运，也没有永久的不幸"，这个例子足以印证这句名言。挫折虽然令人忧愁，令人不快，甚至给人不断的打击，但挫折的一个"致命弱点"，就是它不会持久存在。

所以那些接二连三地遇到倒霉事件、哀叹自己"倒霉透顶"的人，一定要相信——迟早有一天我会转运。

随缘心语：

挫折虽然令人忧愁，令人不快，甚至给人不断的打击，但挫折的一个"致命弱点"，就是它不会持久存在。

8. 只要你愿意坚持，总会有属于自己的收获

大家都热爱自己的工作吗？工作累吗？即使累，然而幸福吗？如果是自己的选择，如果真心喜欢自己的工作，那么再苦再累也是值得的，因为是自己主动的选择，这种主动没有强求的意味，完全是内心的追求。上天对这种尽心随缘的选择是会给予回报的，只要你愿意在正确的方向付出，只要你愿意坚持，总有一天会有属于自己的收获。

有这样一个家庭，家中的生活一向很拮据，尽管一家六口已非常节俭了，可父母双方微薄的工资才仅仅够糊口，但他们却很乐观，时常鼓励儿女："孩子们，迎着困难走下去，我们总有办法的。别忘了，我们还有那只玉镯呢。"那是爷爷奶奶的唯一的遗产，孩子们没见过，但妈妈说那可是件价值连城的老古董呢，必须在万不得已的情况下才可以用。这给儿女们增添了不少信心：他们毕竟有个依靠。

每到月初，精打细算的母亲便把那叠不多的钱细心地分成一小叠一小叠：这是本月的水费，那是伙食费……最后只剩一两个可怜的褯儿。但是有一个月，母亲怎么分也不够用，因为最小的妹妹也要上学了。父母锁紧了眉头，这钱是如何都周转不过来了。一家人沉默不语。姐姐打破沉默，小声说："妈，卖掉那玉镯吧。"仍是一片沉默。只见做父亲的掏出自己的一份钱说："我戒烟吧。"母亲眼里透出了一片感激，接着，读大学的

哥哥也退还自己的一份："我明天就去找个兼职。"于是左减右删，他们还是保住了那生活的唯一依靠。

此后，这个家庭常遇到生活，但父母总是说："没到万不得已的时候，决不动用玉镯。"而兄妹们也不再为艰难的生活而恐惧，他们心里和爸妈一样踏实而有信心：毕竟我们还有个玉镯呢。

直到哥哥姐姐出来工作后，他们再也不用吞咽生活的苦水。母亲打开了那只"宝盒"，令他们万分惊讶的是，里面空无一物。儿女们霎时明白了爸妈的用心。多年来，鼓励他们闯过一个又一个难关的，不是那只价值连城的玉镯，而是父母那比玉镯更有价值的对生活充满信心、永不屈服的乐观与坚毅。

回首那段辛酸的生活，回味父母在困境中的乐观与不屈，这对几个孩子来说，它的价值是物质所不能衡量的。带着这种品质，他们将坚定地走在崎岖的人生道路上。

你要坚定自己的信念，不要动摇。就像挖水井，你首先必须找到你认为有水源的地方，然后坚持往下挖。如果水源离地面50米，你每次只挖到40米就放弃，而去找另一个地方再挖，那么，你不管付出多少汗水，都将会白费力气，最多是自欺欺人地告诉自己："我又多了一次失败的经验。"

找到属于自己的工作的人们，面对工作上的困难，面对不顺，不要垂头丧气，不要轻言换工作，再坚持一会儿，霉运就会过去，再坚持一会儿，就会出现转机。

随缘心语：

　　如果是自己的选择，如果真心喜欢自己的工作，那么再苦再累也是值得的，因为是自己主动的选择，这种主动没有强求的意味，完全是内心的追求。上天对这种尽心随缘的选择是会给予回报的，只要你愿意在正确的方向付出，只要你愿意坚持，总有一天会有属于自己的收获。

随

缘

9. 生活是一面镜子，你对它笑，它就对你笑

法国作家拉伯雷说过这样的话："生活是一面镜子，你对它笑，它就对你笑，你对它哭，它就对你哭。"如果我们整日愁眉苦脸地看生活，生活肯定愁眉不展；如果我们爽朗乐观地看生活，生活肯定阳光灿烂。朋友，既然现实无法改变，当我们面对困惑、无奈时，不妨给自己一个笑脸，一笑解千愁。

笑声不仅可以解除忧愁，而且可以治疗各种病痛。微笑能加快肺部呼吸，增加肺活量，能促进血液循环，使血液获得更多的氧，从而更好地抵御各种病菌的入侵。

生理学家巴甫洛夫说过："忧愁悲伤能损坏身体，从而为各种疾病打开方便之门，可是愉快能使你肉体上和精神上的每一现象敏感活跃，能使你的体质增强。药物中最好的就是愉快和欢笑。"

笑声还可以治疗心理疾病。印度有位医生在国内开设了多家"欢笑诊所"，专门用各种各样的笑："哈哈""开怀大笑""吃吃"抿嘴偷笑、抱着胳膊会心地微笑等等来治疗心情压抑等各种疾病。在美国的一些公园里都辟有欢笑乐园。每天有许多男女老少在那里站成一圈，一遍遍地哈哈大笑，进行"欢笑晨练"。

笑不仅具有医疗作用，而且生活中它还能产生人们意想不到的用

途。有个王子，一天吃饭时，喉咙里卡了一根鱼刺，医生们束手无策。这时一位农民走过来，一个劲儿地扮鬼脸，逗得王子止不住地笑，终于吐出了鱼刺。

雪莱说过："笑实在是仁爱的表现，快乐的源泉，亲近别人的桥梁。有了笑，人类的感情就沟通了。"笑是快乐的象征，是快乐的源泉。笑能化解生活中的尴尬，能缓解工作中的紧张气氛，也能淡化忧郁。一对夫妻因为一点生活琐事吵了半天，最后丈夫低头喝闷酒，不再搭理妻子。吵过之后，妻子先想通了，便想和丈夫和好，但又感到没有台阶可下，于是她便灵机一动，炒了一盘菜端给丈夫说："吃吧，吃饱了我们接着吵。一句话把正在生闷气的丈夫给逗乐了，见丈夫真心地笑了，她自己也乐开了。就这样，一场矛盾在笑声中化解开来。

既然笑声有这么多的好处，我们有什么理由不让生活充满笑声呢？不妨给自己一个笑脸，让自己拥有一份坦然；还生活一片笑声，让自己勇敢地面对艰难这是怎样的一种调解，怎样的一种豁达，怎样的一种鼓励啊！

赫尔岑有句名言说："不仅会在快乐时微笑，也要学会在困难中微笑。"人生的道路上难免遇到这样那样的困难，时而让人举步维艰，时而让人悲观绝望；漫漫人生路有时让人看不到一点希望。这时，不妨给自己一个笑脸，让来自于心底的那份执着，鼓舞自己插上理想的翅膀，飞向最终的成功；让微笑激励自己产生前行的信心和动力，去战胜困难，闯过难关。

"清新、健康的笑，犹如夏天的一阵大雨，荡涤了人们心灵上的污泥、灰尘及所有的污垢，显露出善良与光明。"笑是生活的开心果，是无价之宝，但却不需花一分钱。所以，每个人都应学会以微笑面对生活。

随缘心语：

人生的道路上难免遇到这样那样的困难，时而让人举步维艰，时而让人悲观绝望；漫漫人生路有时让人看不到一点希望。这时，不妨给自己一个笑脸，让来自于心底的那份执着，鼓舞自己插上理想的翅膀，飞向最终的成功。

卷六

恩也好，怨也好，宽怀随缘

在世上生存，与人相处要能随缘自适。随缘，并不是让你无所作为，而是抱持一种不怨恨的态度，也就是说，要持一颗宽容心，莫要在意，不去计较，懂得原谅，这样才不至于走入极端，害人害己。

1. 没有怨恨的捆绑，心灵才真正自由

世界因为宽容而存在，万物因宽容而繁荣，作为人类，更要学会宽容。纵观历史曾经叱咤风云的大人物无一不是有一颗宽广的胸怀，能容他人所不能容而名扬世界。

林肯曾用爱的力量在历史上写下了永垂不朽的一页。当林肯参选总统时，他的强敌斯坦顿为着某些原因而憎恨他，斯坦顿想尽办法在公众面前侮辱他，又毫不保留地攻击他的外表，故意用话使他窘困。尽管如此，当林肯获选为美国总统时，须找几个人当他的内阁与他一同策划国家大事，其中必须选一位最重要的参谋总长，他不选别人，却选了斯坦顿。

当消息传出时，一片喧扰，街头巷尾议论纷纷。有人跟他讲："恐怕你选错人了吧！你不知道他从前如何诽谤你吗？他一定会扯你的后腿，你要三思而后行啊！"林肯不为所动地回答他们："我认识斯坦顿，我也知道他从前对我的批评，但为了国家前途，我认为他最适合这份职务。"果然，斯坦顿为国家以及林肯做了不少的事。

过了几年，当林肯被暗杀后，许多赞颂的话语都在形容这位伟人，然而，所有赞颂的话语中，要算斯坦顿的话最有分量了。他说："林肯是世人中最值得敬佩的一位，他的名字将流传万世。"

宽容是化解仇恨的最佳武器，能融化世上最冷酷的心，能遮掩一切过

错；宽容使人不再受到怨恨的捆绑，而能享受心灵真正的自由。

英国首相丘吉尔在执政期间尽力为民且为人高尚，深受民众的拥护和爱戴。但是丘吉尔的某些做法也损害了一些人的利益，使得他们对丘吉尔颇有微词。

有一次，丘吉尔去参加一个重要会议。在会议上有一位女士对丘吉尔不留情面地破口大骂，说："如果我是你太太，我一定会在你的咖啡里下毒！"会议上的气氛立刻紧张起来，与会人员都望着丘吉尔，想知道他会怎样应付这个突发事件。只见丘吉尔微笑着答道："如果你是我太太，我一定将此咖啡一饮而尽。"大家不由得都在心中为他喝了声彩！

人生在世，难免会受到别人的批评与指责。如果你被批评，那是因为批评你的人会获得一种重要感，这也说明你有成就，而且是引人注意的，所以你根本没有必要去生气。与其气呼呼地去跟人争辩、理论，倒不如用幽默之语、宽容之心将对方的批评与指责化解。

美国一位来自伊利诺伊州的议员康农在初上任时的一次会议上，受到了另一位代表的嘲笑："这位从伊利诺伊州来的先生口袋里恐怕还装着燕麦呢！"

这句话是讽刺他还没有挣脱农夫的气息。虽然这种嘲笑使他非常难堪，但也确有其事。这时康农并没有让自己的情绪失控，而是从容不迫地答道："我不仅在口袋里装有燕麦，而且头发里还藏着草屑。我是西部人，难免有些乡村气，可是我们的燕麦和草屑，却能生长出最好的苗来。"

康农并没有恼羞成怒，而是很好地控制了自己的情绪，并且就对方的话"顺水推舟"，做了绝妙的回答，不仅自身没有受到损失，反而使他从此闻名于全国，被人们恭敬地称为"伊利诺伊州最好的草屑议员"。

学会宽容，别计较太多，抱一种随缘的态度，尽一分努力的责任。这世间并无绝对的好坏，而且往往正邪善恶交错，所以我们立身处世有时也要有清浊并容的雅量。待人宽容，不仅使指责你的人达不到预期的目的，而且还向世人彰显了你的大度，何乐而不为呢？

我们证明自己比别人强的一个有力筹码就是：我们有容人之量。

随缘心语：

宽容是化解仇恨的最佳武器，能融化世上最冷酷的心，能遮掩一切过错；宽容使人不再受到怨恨的捆绑，而能享受心灵真正的自由。

2. 用宽恕的胸怀超度苦，苦就会化成甘

生活，有时并不像想象中那样美好，尤其是面对别人对自己的伤害时，心中会充满仇恨、痛苦，无法释怀，这时只要我们能够平心静气，用宽恕的态度去原谅对方，这样就能让自己心安。

有一位好莱坞的女演员，失恋后，怨恨和报复心使她的面孔变得僵硬而多皱，她去找一位很有名气的化妆师为她美容。这位化妆师深知她的心理状态，中肯地告诉她："你如果不消除心中的怨和恨，我敢说全世界任何美容师也无法美化你的容貌。"

许多心理学专家研究证实，报复心理非常有碍健康，高血压、心脏病、胃溃疡等疾病就是长期积怨和过度紧张造成的。

宽恕别人，就是善待自己，是一种福分。别人的伤害如果是满满一杯的苦水，你心如是那杯，虽能容之，却会让你满心痛苦；你心如是那盆，痛苦便不再满心；你心如是那佛，如是那海，苦便不再是苦，而是一种超度。

她和男友分手了，五年的感情，他最后还是背叛了她。她的心在流血。五年来，他们共同走过许多风风雨雨，她一直在背后默默地支持他、鼓励他。如果没有她的激励，她不知道还会不会有今天事业上春风得意的他。她不敢再去想，她只知道，她恨死了他！

随缘

这种恨埋藏在内心深处，长久不能释怀。因为恨得深，她心中一直无法摆脱他的影子。每每有来自其他男士的追求，都被她婉言拒绝了。

每天晚上，她孤零零地回到自己的小窝，带着怨恨从睡梦中醒来。生活中也失去了自信和再爱的勇气。

半年后，她终于释怀了，她对好朋友说："我现在已经选择宽恕他了。他根本不值得我郁郁寡欢。"

从此，她果真重新开始了自己的生活。因为宽恕，她的人生才得以新生！

宽恕曾经伤害自己的人，并不是接受他的过错，而是为了从此卸下心中的重担，重新开始。

宽恕了那个人，他才会从脑子里逐渐抹去，自己的生活才会恢复往日的宁静祥和。宽恕了那个人，受伤的人才会重新开始。

世界上最宽阔的是海洋，比海洋更宽阔的是天空，比天空更宽阔的是人的胸怀。用宽恕的胸怀超度苦，苦就会化成甘。

随缘心语：

宽恕别人，就是善待自己，是一种福分。别人的伤害如果是满满一杯的苦水，你心如是那杯，虽能容之，却会让你满心痛苦；你心如是那盆，痛苦便不再满心；你心如是那佛，如是那海，苦便不再是苦，而是一种超度。

3. 不要太较真儿，莫要认死理儿

人生一世，有人活得潇洒，有人却活得太累，究其根源是处世过于较真的缘故。

做人固然不能玩世不恭，游戏人生，但也不能太较真儿，认死理。"水至清则无鱼，人至察则无徒"，太认真了，就会对什么都看不惯，连一个朋友都容不下，把自己同社会隔绝开。

镜子很平，但在高倍放大镜下，就成了凹凸不平的山峦；肉眼看很干净的东西，拿到显微镜下，满目都是细菌。试想，如果我们"戴"着放大镜、显微镜生活，恐怕连饭都不敢吃了；如果用放大镜去看别人的缺点，恐怕那家伙罪不可恕、无可救药了。

但是，如果要一个人真正做到不较真儿、能容人，也不是简单的事，首先需要有良好的修养、善解人意的思维方法，并且需要从对方的角度设身处地考虑和处理问题，多一些体谅和理解，就会多一些宽容、多一些和谐、多一些友谊。比如，有些人一旦做了官，便容不得下属的缺点，动辄捶胸顿足，横眉竖目，使属下畏之如虎，时间久了，必积怨成仇。想一想天下的事并不是你一人所能包揽的，何必因一点点毛病便与人生气呢？可如若调换一下位置，挨训的人也许就理解了上司的急躁情绪。

有位同事总抱怨他们家附近副食店卖酱油的售货员态度不好，像谁欠了她二百吊似的，后来同事的妻子打听到了女售货员的遭遇：丈夫有外遇离了婚，老母瘫痪在床，上小学的女儿患哮喘病，她每月只能开二三百元工资，住一间12平方米的平房。难怪她一天到晚愁眉不展。

这位同事从此再不计较她的态度了，甚至还想帮她一把，为她做些力所能及的事。

在公共场所遇到不顺心的事，实在不值得生气。素不相识的人冒犯你肯定是有原因的，只要不是侮辱了人格，我们就应宽大为怀，不以为意，或以柔克刚，晓之以理。

总之，不能和这位与你原本无仇无怨的人瞪着眼睛较劲。假如较起真来，大动肝火，刀对刀、枪对枪地干起来，酿出个什么后果，那就犯不上了。假如对方没有文化，一较真儿就等于把自己降低到对方的水平，很没面子。

另外，对方的触犯从某种程度上是发泄和转嫁痛苦，虽说我们没有分摊他痛苦的义务，但客观上确实帮助了他，无形之中做了件善事。这样一想，也就容忍放过他了。

清官难断家务事，在家里更不要较真儿，否则更是愚不可及。家庭孩子之间哪有什么原则、立场的大是大非问题，都是一家人，非要用"阶级斗争"的眼光看问题，分出个对和错来，又有什么用呢？

人们在单位、在社会上充当着各种各样的角色，如恪尽职守的国家公务员，精明体面的商人，或是企业职工，但一回到家里，脱去西装革履，也就是脱掉了你所扮演的这一角色的"行头"，即社会对这一角色的规矩和种种要求、束缚，还原了你的本来面目，使你尽可能地享受天伦之乐。

卷六
恩也好，怨也好，宽怀随缘

假若你在家里还跟在社会上一样认真、一样循规蹈矩，每说一句话、做一件事还要考虑对错、妥否，顾忌影响、后果，掂量再三，那不仅可笑，而且也太累了。

在这方面，头脑一定要清楚，在家里你就是丈夫、就是妻子。所以，处理家庭琐事要采取"绥靖"政策，安抚为主，大事化小，小事化了，和稀泥，当个笑口常开的和事佬。

具体说来，作为丈夫，要宽厚，在钱物方面睁一只眼、闭一只眼，越马马虎虎越得人心，妻子给娘家偏点心眼，是人之常情，你根本就别往心里去计较，那才能显出男子汉宽宏大量的风度。作为妻子，对丈夫的懒惰等种种难以容忍的缺点，也应采取宽容的态度，切忌唠叨起来没完，嫌他这、嫌他那，也不要偶尔丈夫回来晚了或有女士来电话，就给脸色看，鼻子不是鼻子脸不是脸的审个没完。看得越紧，逆反心理越强。索性不管，让他潇洒去，看他有多大本事，外面的情感世界也自会给他教训。只要你是个自信心强、有性格、有魅力的女人，丈夫再花心也不会与你隔断心肠。就怕你对丈夫太"认真"了，让他感到是戴着枷锁过日子，进而对你产生厌倦，那才真正会发生危机。

家是避风的港湾，应该是温馨和谐的，千万别把它演变成充满火药味的战场，狼烟四起，鸡飞狗跳，关键就看你怎么去把握了。

有位智者说，大街上有人骂他，他连头都不回，他根本不想知道骂他的人是谁。因为人生如此短暂和宝贵，要做的事情太多，何必为这种令人不愉快的事情浪费时间呢？

这位先生的确修炼得颇有涵养了，知道该干什么和不该干什么，知道

随缘

随缘的人生自在多——人生变化无常，你要学会随缘

什么事情应该认真，什么事情可以不屑一顾。要真正做到这一点是很不容易的，需要经过长期的磨炼。如果我们明确了哪些事情可以不认真，可以敷衍了事，我们就能腾出时间和精力，全力以赴认真地去做该做的事，我们成功的机会和希望就会大大增加；与此同时，由于我们变得宽宏大量，人们就会乐于同我们交往，我们的朋友就会越来越多。事业的成功伴随着社交的成功，应该是人生的一大幸事。

随缘心语：

　　做人固然不能玩世不恭，游戏人生，但也不能太较真，认死理。"水至清则无鱼，人至察则无徒"，太认真了，就会对什么都看不惯，连一个朋友都容不下，把自己同社会隔绝开。

4. 世事总有不公，你要心胸放宽

人的一生怎么可能不遇上一点曲折，不被别人误解？天下之大，哪能什么利益、好处都被你占了去？不被理解的时候就觉得委屈，得不到好处，就抱怨命运的不公平，不思自己是否努力，只是怨天尤人，是什么事情也做不好的。遇到了不公正的对待，要豁达大度，不要以一事一时的顺利为念，应该看到社会的发展，什么事情都不是一成不变的。所以，人在遇到不顺，遇走下坡路时，更要慎重地走好。

有了委屈、冤屈，自然要倾吐，这也是情理之中的事，但不能被委屈、不公正的待遇、不平的遭遇所困扰，无法解脱，什么事都没心思去做，整天沉溺在自己的不平遭遇之中，仿佛你是天下最悲惨的一个，这是不行的。面对这一切，应该心胸放开，眼光放远，不以委屈为念，正像古人说的，如果你视平川大路如沟壑纵横，视身强体健为病痛满身，视平安无事为不测祸福，那你还有什么不平不能忍呢？

《劝忍百箴》中认为：处在不平的状态就会发出声音，这是物理的常性。豁达的人目光远大，与世无争，尽管别人得到的东西很多，给予我的却很少，我也能忍，不去争讨。别人自视圣明，却认为我愚笨，我也不去计较，依然能忍。优待别人而轻视我，我不看重待遇，同样能忍。别人不能忍受，争斗引起大祸。我的心境淡泊寡欲，不怨恨也不愤怒。他强大而我弱小，应该看到强弱一定有它的原因；他兴盛而我衰微，那也是盛衰自然有它的定数。人在很多时候能战胜天的意志，而天的意志也常常能左右人。世态炎凉不定，而我的心境却常如春天般温和。

这里反映了古人对待不平的态度。首先，人的一生中随时可能陷入不平的境遇。要忍受自己所遇到的不公平对待，心胸要宽广，不去计较那些小事，而且应自我完善。其次，既然知道自己遭受不平时心中难免气愤，所以也应该能够理解他人在遇到不平时的心态。三是要平等对人，不能由于自己的行为造成别人处于不平的境地，这是忍不平的另一个方面。最后，作为一个统治者或握有一定权力的人，即使个人遇到不平，处于劣势，也不该因私废公，而是应尽心尽力，做到问心无愧，如此才会让自己更好地避开祸殃。

西晋的石苞面对不平，心底无私，坦然相对，使晋武帝终于自省，也消除了自己的不平之境。

石苞是西晋初期一位著名的将领，晋武帝司马炎曾派他带兵镇守淮南，在他的管区内，兵强马壮。他平时勤奋工作，各种事务处理得井井有条，在群众中享有很高的威望。

当时，占据长江以南的吴国依然存在，吴国的君主孙皓也还有一定的力量，他们常常伺机进攻晋朝。对石苞来说，他实际上担负着守卫边疆的重任。

在淮河以北担任监军的名叫王琛。他平时看不起贫寒出身的石苞，又听到一首童谣说："皇宫的大马将变成驴，被大石头压得不能出。"石苞姓石，所以，王琛就怀疑：这"石头"就是指石苞。

恩也好，怨也好，宽怀随缘

毫无理由地怀疑他人，陷人于不平之中，实在是不义之举。

于是，他秘密地向晋武帝报告说："石苞与吴国暗中勾结，想危害朝廷。"在此之前，风水先生也曾对武帝说："东南方将有大兵造反。"等到王琛的秘密报告上去以后，武帝便真的怀疑起石苞来了。

正在这时，荆州刺史胡烈送来关于吴国军队将大举进犯的报告。石苞也听到了吴国军队将要进犯的消息，便指挥士兵修筑工事，封锁水路，以防御敌人的进攻。武帝听说石苞固城自卫的消息后更加怀疑，就对中军羊祜说："吴国的军队每次来进攻，都是东西呼应，两面夹攻，几乎没有例外的。难道石苞真的要背叛我？"羊祜自然不会相信，但武帝的怀疑并没有因此而解除。凑巧的是，石苞的儿子石乔担任尚书郎，晋武帝要召见他，可他经过一天时间也没有去报到，这就更加引起了武帝的怀疑，于是，武帝想秘密地派兵去讨伐石苞。

武帝发布文告说："石苞不能正确估计敌人的势力，修筑工事，封锁水路，劳累和干扰了老百姓，应该罢免他的职务。"接着就派遣太尉司马望带领大军前去征讨，又调来一支人马从下邳赶到寿春，形成对石苞的讨伐之势。

王琛的诬告，武帝的怀疑，石苞一点也不知道，到了武帝派兵来讨伐他时，他还莫名其妙。但他想："自己对朝廷和国家一向忠心耿耿，坦荡无私，怎么会出现这种事情呢？这里面一定有严重的误会。一个正直无私的人，做事情应该光明磊落，无所畏惧。"于是，他采纳了孙铄的意见，放下身上的武器，步行出城，来到都亭住下来，等候处理。

武帝知道石苞的行动以后，顿时惊醒过来，他想：讨伐石苞到底有什么真凭实据呢？如果石苞真要反叛朝廷，他修筑好了守城工事，怎么不作任何反抗就亲自出城接受处罚呢？再说，如果他真的勾结了敌人，怎么没有敌人前来帮助他呢？想到这些，晋武帝的怀疑一下子打消了。后来，石苞回到朝廷，还受到了晋武帝的优待。

人的一生总有遇到不顺的时候，有些事并非你不做就不会找上你的，知道了这个道理，就要把心态放平和。在大是大非面前和紧急关头，要冷静；对于自己所遇到的不平遭遇，要甘于忍受，不要因此而惊恐不安或是气愤不已，只要心底无私、坦然相对，困境总有过去的一天。

随缘心语：

不被理解的时候就觉得委屈，得不到好处，就抱怨命运的不公平，不思自己是否努力，只是怨天尤人，是什么事情也做不好的。遇到了不公正的对待，要豁达大度，不要以一事一时的顺利为念，应该看到社会的发展，什么事情都不是一成不变的。所以，人在遇到不顺，走下坡路时，更要慎重地走好。

5. 如果你想要福气的话，那就宽容一些

一件事有许多角度，有好的一面，亦有坏的一面，有乐观的一面，亦有悲观的一面。就好比一个碗缺了个角，乍看之下，好似不能再用，若肯转个角度来看，你将发现，那个碗的其他地方都是好的，还是可以用的。若凡事皆能往好的、乐观的方向看，必将会希望无穷；反之，一味地往坏的、悲观的方向看，定觉兴致索然。外甥女只有三岁，晚餐时，每每执着汤匙要"自己来"，但次次皆被母亲夺走，而母亲通常的回答是："你还不会。"当我下次再造访她们家时，外甥女竟改口道："你帮我。"由此可见，孩子的热情被一而再、再而三地浇灭后，便容易产生依赖性。久而久之，将变成一个怕做错事而受嘲骂、缺乏自信的人，等到将来长大，自然会畏畏缩缩，没有勇气尝试突破困境。

凡事往好的方面想，自然会心胸宽大，也较能容纳别人的意见。宽大的心胸，不但可以使人由别的角度去看事情，更能使自己过着舒心自得的日子。有一回，释尊的一位大弟子被一位婆罗门侮辱，但他对婆罗门的辱骂充耳不闻，未予理会。因为他知道，一个会以辱骂别人来凸显自己的人，在个人的修养和品行上都有问题。婆罗门见到他无端被自己辱骂，不但没有生气，反而微笑地答辩，真不愧是圣者，终于自知理亏忿忿地离开了。这便是豁达，即佛家所谓的圆融。

豁达一些，也要大度一些。就拿鞋子来说吧，我们买鞋子都知道要多

随缘的人生自在多——人生变化无常，你要学会随缘

预留一点空间，否则穿久了，会因脚和鞋子磨擦得太厉害，而起水泡，甚至磨破皮，以致痛苦难忍。又如赴约，应提早五分钟或十分钟到场，也一定比剩一分钟赶到的心情轻松多了。谚云"宰相肚里能撑船"，英国首相丘吉尔就是最好的例证。他对于化解愤怒的方法更是幽默。有一次，演说前有一位不赞同他的人，递了张纸条给他，上写着"笨蛋"二字，丘吉尔看了之后，并没有生气或不悦的颜色，只是拿着那张纸条幽默地说："我常常接到许多忘了签名的信，今天我第一次接到没有内容，却有签名的信，难道这是他的签名吗？"随后将纸条展示给在座诸位观看，引得哄堂大笑。愤怒是不好的情绪，但大多数的凡夫俗子往往控制不住它，只有少数有智慧、有肚量的人才能适时疏导这种不好的情绪。

我们都有过这种经验，就是盛怒之后，再反省便会发现："我当时也可以不必那么愤怒的，其实事情也不是那么严重，不知道他（受气者）现在的感受如何？"但当遇到那种使人愤怒的情景时，往往会按捺不住怒火。于是，我们必须透过日常生活不断地磨炼自己，使自己也拥有化解、疏导愤怒的智慧和能力。由于我们不是顿悟的圣者，便只有靠着"时时勤拂拭，勿使惹尘埃"的功夫，使自己臻于能忍辱、能容人的境界。是的，希望我们都能在生命之河的洗练中，慢慢磨去我们爱计较的坏习性，使我们也能迈向圆融的人生。

在这充满争斗的繁华世界之中，唯有以最自然无争的态度，并处处流露服务他人的意愿，才能散发人性至真、至善、至美的光明面。

如果你想要福气的话，那就宽容一些，豁达一些，让一切随缘，臻于乐境吧！

随缘心语：

由于我们不是顿悟的圣者，便只有靠着"时时勤拂拭，勿使惹尘埃"的功夫，使自己臻于能忍辱、能容人的境界。希望我们都能在生命之河的洗炼中，慢慢磨去我们爱计较的坏习性，使我们也能迈向圆融的人生。

隨

緣

6. 真正觉悟之人，没有丝毫怨恨心

佛说："如果有人对我们做坏事、说坏话，我们亦同样对他做坏事、说坏话，结果双方都是坏人；所以要用好的方法、好的行为、好的话去对待他，自然会叫他心服，别的人亦称赞我们。"

世间人是冤冤相报，佛法是以德报怨，你以怨对我，我以德对你。冤冤相报是凡夫，是造轮回业。真正觉悟之人，对于毁谤、侮辱、陷害他的人，都没有丝毫怨恨心，反而更加慈悲地去爱护他、帮助他、救度他。感化一个人，就等于度化了一个人。

过去，有一位国王带领许多妃嫔、宫女到郊外游戏打猎。途中，国王追逐野兔走远了，妃嫔们于是在树林中等候。

妃嫔们看到一位修道者正在林中沉思，于是向他请教。国王回来之后，责备她们与陌生人说话。

"我不过是指导她们学习忍辱的精神而已。"修道人安详地回答。

"哈哈！你自命为忍辱的人吗？我倒要试试你的忍辱修养。"说着，他挥剑将修道者的手臂斩断。

"现在，你该愤恨了吧！"国王得意地说。

修道者虽然痛苦，仍然和缓地看着他，回答："我不愤恨。怀恨只有冤冤相报。将来我成道后，一定要来度化你，以了结这段业缘。"

容忍、宽恕在他的神态中表露无遗。国王感动极了，跪在地上，深

深忏悔。

修道者以德报怨的精神，充分地完成了忍辱的修养。

这位忍辱仙人，正是释迦牟尼佛的前生。

我们再来看一个佛陀弟子以德报怨感化人的故事。

在一个偏僻山间，住着一个被病痛折磨的老人，他知道自己将不久于世，就把两个儿子叫到床前。他对长子说：

"弟弟还幼小，要好好爱护他，尽兄长的责任。"

没几天，老人家离开了世间。

三年后，哥哥结婚了，娶了同村的女子，妻子看丈夫厚待弟弟很不顺眼，所以经常对丈夫说："我看还是让弟弟自己去谋生吧！"

爸爸临终的遗言，哥哥不敢忘记。所以每当妻子对他说这一类的话，他就转过头，掩住耳朵。

但日子一久，在妻子的影响下，哥哥也嫌恶起弟弟来了。

一天，哥哥照妻子的指示，把弟弟带到离城很远的尸陀林。

按照当地的习俗，人死了将死尸抛弃在这儿，由鸟兽去啄食。林内非常幽暗，到处白骨遍地。深远处，有一棵古老的柏树，高及云霄，遮住了整个山谷。哥哥取出绳子，将弟弟绑在粗大的枝干上，说道："不是我残忍，说实在的，你带给我许多麻烦。"说完掉头奔跑回去，不顾弟弟悲惨的哀求声。

天暗下来，一片漆黑。虎、狼、狮、豹陆续出现，无数只凶恶的兽眼，发出贪狠的蓝光，逼近柏树。树上的弟弟极力挣扎："救命呀！救救我吧！"他发狂似的叫着。

恰好途经此地的佛陀听到了呼救声。

"可怜的孩子，下来吧！"佛陀对着树上的孩子说。那孩子听到柔和的呼唤声便醒过来，下来后抬头仔细一看，一位高大庄严的人在他面前，慈蔼地微笑着。

"您是？"过度的惊奇使他不知怎样才好。

"我是佛陀。"

"噢！佛陀！我愿像你，做佛陀，自救救人！"弟弟五体投地向佛陀叩拜。

于是佛陀带他回王舍城。从此，弟弟在佛陀的僧团修学，听闻佛法，不久便证得果位。

弟弟证道以后很想念哥哥，他对佛陀说道："佛陀！哥哥虽曾危害我，但我因此得到佛陀的引渡，所以我想去度化他。"

"很好！我很嘉赏你这种心意。"

于是弟弟返回哥哥的家里，嫂嫂看到他赶紧躲到房间里去。她想弟弟一定是来报仇的。

"哥哥！嫂嫂！你们不必躲避，我一点也不记恨，反而要感谢你们。我因你们遇到恩师佛陀，我是特地来致谢的，希望你们也能够学佛早日离苦。世间上的财物、生命都是无常的，终有一天将离开我们，但是在佛法里，可以获得无价的财宝和快乐。"

这番话，使夫妻俩如梦初醒，他们鼓起勇气为过去忏悔。于是，兄、弟、嫂嫂三个人并肩走向佛陀住的竹林精舍。

从以上故事中我们不难看出，佛教的以德报怨是要有忍辱功夫的。而佛家推崇的忍辱是一种强毅的忍力，不但可以成就世间的大事业，就是出世间的一切善法，也无不靠它完成。所以释迦牟尼佛陀曾经告诫弟子们说："世间最有力者，为能行忍辱之人。"因此，忍辱绝不是屈服于恶势力之下的一般懦夫行为，更不是含恨于心而不敢怒形于色的无力反抗，佛教的忍辱，是通过了缘起的真理，而以慈悲心为基础的，是不怀怨恨，不存报复，进而感化和度化对方，就是以德报怨。

一位法师说过，以德报怨是用心第一法，以德报怨是君子之风，以德报怨是气度的表现。我们能以德报怨地对别人，就愈能显示自己的肚量；一个人的肚量有多大，就能对他人涵容多少。就如天地虚空，因为无所不包、无所不容，所以能广大无垠。因此，我们要如天地一样，能包容各式人种，能亲疏平等，能与万物共存，则能虚怀若谷、意畅舒怀，所以以德报怨是用心第一法，以德报怨是化解怨仇的一个优先选项，因为冤冤相报无了期。

佛家主张的容忍、宽恕、以德报怨，这都是宽容精神的一种体现。现代社会，我们虽不能无原则地凡事容忍，但我们要认识到宽容对化解仇争的重大意义，多以一颗宽仁的心对待世间的人和事，这样世间就会少一分恶，多一分善。

随缘心语：

真正觉悟之人，对于毁谤、侮辱、陷害他的人，都没有丝毫怨恨心，反而更加慈悲地去爱护他、帮助他、救度他。感化一个人，就等于度化了一个人。

7. 借助宽容的力量，成就自己的事业

宽容是人生的一种智慧，是一种大气的表现，是建立人与人之间良好关系的法宝。一个拥有宽容美德的人，能够对那些在习惯和信仰方面与你不同的人表示友好和接受。宽容不仅对你的个人生活具有很大的价值，而且对你的事业有重要的推动意义。一个人经历一次宽容，就可能会打开一扇通向成功的大门。借助宽容的力量，你可以实现自己伟大的梦想，成就自己的事业。

在全球最权威的商学院——哈佛大学商学院的必修课程中，有一部分专门研究非智力因素对一个人成功的影响。在这些非智力因素中，他们就极为突出宽容的价值，强调宽容是成功者的必备素质。

鲍伯是一个室内装潢工厂的老板。有一次，生产线上有一个工人喝得酩酊大醉后来上班，吐得到处都是。厂里立刻发生了骚动：一个工人跑过去拿走他的酒瓶，领班接着又把他护送出去。

鲍伯在外面看到这个人昏昏沉沉地靠墙坐着，便把他扶进自己的汽车送他回家。他妻子吓坏了，鲍伯再三向她表示什么事都没有。"不，卡特不知道，"她说，"老板不允许工人在工作时喝醉酒。卡特要失业了，你看我们如何是好？"鲍伯告诉她："我就是老板，卡特不会失业的。"

卡特的妻子张嘴愣了半天。鲍伯告诉她，自己会在工作中尽力辅导卡特。同时也希望她在家里尽力照顾卡特，以便他在第二天早上能够照常上班。

卷六
恩也好，怨也好，宽怀随缘

回到工厂，鲍伯就对卡特那一组的工人说："今天在这里发生的不愉快，你们要统统忘掉。卡特明天回来，请你们好好对待他。长期以来他一直是个好工人，我们最好再给他一次机会！"

卡特第二天果真上班了。他酗酒的坏习惯也从此改过来了。鲍伯的宽容令卡特很感动，他一直记在心里。

三年后，地区工会派人到鲍伯的工厂协商有关本地的各种合同时，居然提出一些不切实际的要求。这时，沉默寡言、脾气温和的卡特立刻带头号召同事反对。他开始努力奔走，并提醒所有的同事说："我们从鲍伯那里获得的待遇向来很公平，用不着那些外来'和尚'告诉我们怎么做。"就这样，他们把那些外来"和尚"打发走了。鲍伯用宽容赢得了工人的拥戴，取得了事业的成功。

事实证明，事业越成功的人，往往做人越大气，越有宽容之心。宽容犹如春天，可使万物生长，成就一片阳春景象。不计过失是宽容，不计前嫌是宽容，得失不久踞于心亦是宽容。宽容可助你赢得下属的忠诚，保持其积极进取的心；可使你不受一时得失的影响，保持对事情正确的判断。所以，如果你想有所作为，获得成功，那就要大气一点，学会宽容，养成能够容忍谅解别人不同见解和错误的肚量。

有人说，宽恕是软弱的表现。在此奉劝你，千万不要相信这一说法，深陷其中。要知道，怨恨是一种被动的和侵袭性的东西，它像一个化了脓的不断长大的肿瘤，会使你失去欢笑，失去正面的前进动力。怨恨更多地危害了怨恨者本人，而不是被怨恨的人。

所以，冤冤相报抚平不了你心中的伤痕，它只能将你与伤害你的人捆绑在无休止的报复战车上。印度的甘地说得好，倘若我们每个人都把"以眼还眼"作为生活准则，那么全世界的人恐怕就要变成瞎子。

为防止"死"在仇恨的恶性循环之中，当别人因过失而损害了你的利益时，譬如，你因朋友的出卖而被解雇，或因下属的背叛败给对手，你不要怨恨，也不要仇视，而是用大气、包容的胸襟，正视你的不满或怨恨。你最好将错事与做错事的人区分开，即对错事本身感到愤怒，而不是对做错事的人感到愤怒。你可以全面评估这个人，他的优点，他的缺点以及他做错事时所处的环境。然后想着"让过去的事情过去吧"，这样你就可以做出一个宽容的认定。

当遇到与你不一致的观点、做法时，首先你要想想别人合理的地方，为什么会这样想、这样做。然后，你再把你的做法与他们的做法作比较。你可以试着与不同风格、不同背景、不同思想的人做朋友，多观察他们的做法，要善于采纳新的观点，这样你才能学会宽容。

如果你发现有些人实在令你难以忍受，比如你的同事，那你可以努力找出他的一些优点，当再见到他时，多想想他的这些优点。并且，在与别人的谈论中，你不要批评他的缺点，更不要进行无谓的抱怨。

无论如何，你要记住宽容的前提：每个人都会犯错误，而且可能每天都在犯错误；每个人都不完美，而且很多方面都不完美。当遇到你无法容忍的情况时，马上默念这一段，时间一长，你就会用宽容之心理解别人、对待别人，而真真正正地成为一个大气的受欢迎的人了。

随缘心语：

一个人经历一次宽容，就可能会打开一扇通向成功的大门。借助宽容的力量，你可以实现自己伟大的梦想，成就自己的事业。

卷七
成也好，败也好，尽心随缘

　　人们似乎总习惯用成与败来衡量生命的价值。在现实社会中，追求成功无可厚非，如果你可以创造成绩，提升生活质量，进而有助于社会，这当然是值得肯定的。但千万不可把追求事业上的成功当作人生的全部意义，人生更大的乐趣在于对过程的体验而非对结果的享受。对于事业而言，成也好，败也好，只要你尽力了，就不要有太多的懊悔，要知道，除了事业之外，你还有更多值得去做的事情，所以，尽人事，随机缘好了，凡事别太强求。

1. 面对失败，不回避，不沮丧

在生活中，成功不仅仅意味着取得胜利，而且包括从失败中奋起的闪光意志。我们每个人身上都存在着一种失败机制，它产生于以往的挫折。这种失败机制的构成要素有——惧怕、怒气、自卑、孤独、无常、不满、空虚。

在某种程度上，遭遇厄运的境况和遭受失败是一样的。每一个人都遭受过失败，而且不止一次，正如我们经常会遇到倒霉事一样。从未遭受过失败的人，从未遭受过挫折的人，那他一定是什么事都没做过。不做事固然不会有失败与挫折，当然也没有成功与战胜挫折的体验。

福楼拜曾说："你一生中最光辉的日子，并非是成功的那一天，而是能从悲叹和绝望中涌出对人生挑战的心情和干劲的日子。"

研究失败者，你会发现他们都患有一个通病，那便是为自己找借口。

你将发现，借口很好地向你解释了为什么有的人能不断进取，而有的人却原地踏步。你也将发现，借口千姿百态，其中最糟糕的莫过于以健康、智力、年龄和运气等为借口。越是成功的人，越少寻找借口。而那些停滞不前的人却总有无限的借口可寻。

我们所有的人，现在或过去，都不免在某件事中失败。失败使我们焦躁不安，失去安全感。有些人因失败而愧悔不已，终日为曾经遭受的困顿挫折左右，不能自拔。有时，我们正准备尽心尽力去干某件值得一干的事情时，却因以往的失败经历而彷徨不前、左右为难，生怕重蹈覆辙。

如果我们被这些失败机制所慑服，我们便会背离正常的生活。因为，我们忽略了自身具备的珍贵财富，即自身固有的成功机制，失败最终会吞噬安宁，导致紧张不安，使信心丧失殆尽。

我们必须学会接受自己的现状。我们永远不是完美无缺的，可能犯错误，自我形象遭到扭曲，但我们必须从中吸取教训，而不是因噎废食，从此抛弃我们辛辛苦苦开拓的事业。从失败中愤然而起，最终带来的是信心和快乐。

最大的失败莫过于害怕失误，不敢冒一个使我们的生活更富有意义但又经过仔细谋划的险。如果我们能战胜这一担忧，那么自我就会得到改善，这必将为我们带来梦寐以求的幸福。

没人喜欢面对困难和不幸，但聪明的人善于把它当作成长的机会。

著名作家梭罗每天早晨的第一件事，是告诉自己一个好消息。然后，他会对自己说：我能活在世间，是多么幸运的事。如果没有出生在世，我就无法听到踩在脚底的雪发出的吱吱声，也无法闻到木材燃烧的香味，更不可能看见人们眼中爱的光芒。于是，他每一天都满怀着对生命的感激之情。

人一生是由幸福和悲伤、成功和失败、欢乐和痛苦交织而成的，只有当你经受得住成功和失败的考验，才能展示你的真正价值。

挫折与失败是一种挑战和考验。适度的失败与挫折，可以帮助人们驱

走惰性，促使人奋进。英国哲学家培根说过："超越自然的奇迹多是在对逆境的征服中出现的。"

挫折助人成长。人的成长过程是适应社会要求的过程，如果适应得好，就觉得宽心和谐；如果不适应，就觉得别扭、失意。而适应就要学会调整自己的动机、追求和行为。一个人出生时，根本不知道什么是对，什么是错，正是通过鼓励、制止、允许、反对、奖励、处罚、引导、劝说，甚至身体上的体罚与限制才学会举止与行为的适应和得当，学会在不同环境、不同时间、不同对象、不同规范条件下调整行为。反之，从小无法无天的孩子，一旦独立生活就会被淹没在矛盾和挫折之中。

德国天文学家开普勒从童年开始便多灾多难，在母腹中只待了七个月就早早来到了人间。后来，天花又把他变成了麻子，猩红热又弄坏了他的眼睛。但他凭着顽强、坚毅的品德发奋读书，学习成绩遥遥领先于他的同学。后来因父亲欠债使他失去了读书的机会，他就边自学边研究天文学。在以后的生活中，他又经历了多病、良师去世、妻子去世等一连串的打击，但他仍未停下天文学研究，终于在59岁时发现了天体运行的三大定律。他把一切不幸都化作了推动自己前进的动力，以惊人的毅力，摘取了科学的桂冠，成为"天空的立法者"。

人生难免会遇到挫折，没有经历过失败的人生不是完整的人生。巴尔扎克说："挫折和不幸，是天才的晋身之阶，信徒的洗礼之水，能人的无价之宝，弱者的无底深渊。"

生活中的失败挫折既有不可避免的一面，又有正向和负向功能；既可使人走向成熟、取得成就，也可能破坏个人的前途。关键在于你怎样面对挫折。

挫折增强你的意志力。现在的青少年长期生活在被服务的环境中，从进小学到读大学，直到工作选择，都由父母去承受压力，因而他们对各种困难体验都不深。缺乏忍耐力，没有坚强的意志，遇到挫折就被击垮了。实际上生活中的许多轻度挫折，是意志力的"运动场"，当你大汗淋漓地跑完全程，克服了生活的挫折，就会获得愉快的体验。心理学家把轻度的挫折比作"精神补品"，因为每战胜一次挫折，都强化了自身的力量，为下一次应付挫折提供了"精神力量"。

挫折的价值，就是刺激你奋起，只有当你失去信心时，你才真的被打败了。

逆境是达到真理的一条通路。不懂得在痛苦中丰富和提高自己的人，多半是愚蠢和懦弱的。对我们遇到的麻烦和问题，既不回避，也不沮丧，而是多想办法，这样才能使自己与智慧结下缘分，成为生活的强者。

随缘心语：

最大的失败莫过于害怕失误，不敢冒一个使我们的生活更富有意义但又经过仔细谋划的险。如果我们能战胜这一担忧，那么自我就会得到改善，这必将为我们带来梦寐以求的幸福。

2. 不必样样优秀，做到良好即可

有个弟子非常苦恼地问法然上人："师父，我一心念佛，但是不管我如何专心诚意，有时候还是免不了不知不觉地打瞌睡，您有没有什么办法帮我克服呢？"

法然上人回答："很简单，你只要在清醒时念佛就可以了。"

法然上人一句非常简单的话，其实包含了朴素的哲理，那就是：人在任何时候都不要勉强自己。

有一个非常聪慧的女孩，一直梦想成为一名钢琴演奏家。为了实现这个目标，她决心考上专门的音乐院校。为此，她每天都坚持在放学回家后练钢琴四个小时。不管多么困多么累，三年里她从未打过一丝折扣。

但是，有一天，女孩突然对于弹钢琴产生了强烈的反感。她甚至能够闻到她以前所从来没有闻到过的钢琴气味，而且一闻就头痛，要呕吐。

针对这个奇怪的现象，女孩的父母百思不得其解：明明钢琴是好好的，为什么突然变得有气味了？而且这个气味只有女孩能闻到，其他任何人都闻不到？

这种现象持续了很久。终于，在别人的建议下，女孩的父母带她去了一家大型的医院。医生的诊断是女孩患了神经官能症，病因是由于过于刻苦地练习钢琴，潜意识中对钢琴产生了强烈的厌恶，由这种厌恶而带来了钢琴有气味的幻觉。

弹钢琴本来就是一种可以陶冶情操的好手段，但因为这个女孩过于"痴迷"弹钢琴，结果情操没有得到陶冶，反而给自己的心灵带来了伤害。

念佛也好，弹钢琴也好，做什么事情都最好是顺其自然，不要勉强自己。否则，过多的付出反而可能产生负面效果。

一个寺院里有一片绿油油的草地。有一年夏天天气异常炎热，炙热的阳光烤着这片草地。没多久，原来的绿草地就变成了一片枯黄。

小和尚见了，说道："得赶快撒点草籽啦！好难看！"师父应道："等天凉了吧。一切需随时。"

等到中秋，师父买了一包草籽，让小和尚播种。可是秋风徐起，种子边撒边飘。小和尚喊了起来："不好了，我播的种子都让风给吹走了。"师父说道："没关系的，吹走的多半是空的，撒下去也不发芽。一切需随性。"

半夜的时候，一阵骤然而至的秋雨居然不像平时那般淅淅沥沥，而是下得猛烈瓢泼。小和尚一清早冲进禅房，大喊："师父，不好了。昨天撒的种子都让暴雨给冲走了。"师父不慌不忙地说："不必慌张，冲到哪儿，种子就会在哪儿发芽的。一切需随缘。"

转眼间，一个多星期过去了。院子里长出了青翠的小苗，原来没有播种的地方也泛出了绿意。

这是一个很好的禅的故事。生活亦是如此，一切需顺其自然，按哲学的说法即是遵循规律。挑战可以改变的，但不妄图挑战不可以改变的。这是一种生活的态度，一种豁达的态度。只有能顺其自然的人才可以宽恕自己，才可在风雨兼程中感受到轻松与畅快。

有一个朋友，她美丽而又文静，说话语速总是慢慢的，音量总是小小的，但她很能把话说到人心底里去。

随缘的人生自在多——人生变化无常，你要学会随缘

在工作上，她的业绩说不上骄人，但也无可挑剔；在婚姻上，她嫁给了相爱的普通人，日子过得波澜不惊。她有一个聪明可爱的儿子，但从不要求孩子学这学那，双休日一家三口就去游玩。在今天人们都在奋力追求，满足自己欲望的时代，她总是保持顺其自然的人生状态。

这位朋友读中学时体质很差，大多数体育活动都没法参加，但她学习又非常争胜好强，偶尔有一门功课得不到第一就会难过、自责。后来她父亲的一句话改变了她的人生哲学。父亲说：以你的条件，你不必样样追求优秀，但你可以做到良好。她于是放低了对自己的要求，很轻松地将每门功课都保持了良好，同时身体也得到了很好的恢复，体育课也及格了。

高中毕业她给自己的定位是考上一所普通大学，压力不大反而发挥良好，她轻松地考上了重点大学。毕业时她可以在大城市找到不错的工作，她却选择了中等城市的专业对口单位，离父母很近，然后又嫁给了一个爱她的丈夫，就这样不急不躁很顺其自然地构筑着她的良好人生。

人生总是因为奋力追求优秀而失去平静的心态，忽视生活的乐趣，以至于造成很多无法弥补的缺憾，而在压力、紧张、激动中忙忙碌碌。何不放低自己的要求，选择平淡从容的生活，当吃则吃，该睡则睡；白天轻松工作，黄昏相约散步，顺其自然，保持心灵的逍遥自在。

随缘心语：

挑战可以改变的，但不妄图挑战不可以改变的，这是一种生活的态度，一种豁达的态度。只有能顺其自然的人才能宽恕自己，才能在风雨兼程中感受到轻松与畅快。

3. 努力了，尽心了，便随缘好了

生活中，常常有人抱怨活得太辛苦，压力太大，其实，这往往是因为我们还没有衡量清楚自己的能力、兴趣、经验之前，便给自己在人生各个路段设下了过高的目标。这个目标不是根据个人实际情况制定的，而是和他人比较以后制定的，所以每天为了完成目标，不得不背着责任的包袱去生活，不得不忍受辛苦和疲惫的折磨。

人首先要为自己负责任。有的人不看实际情况，要求自己必须考上名牌大学，必须学热门专业，认为这是自己的责任，只有这样才算完美人生。许多大学毕业生不愿去基层，不愿去艰苦地区，就是因为他们人生的背篓中背负太多的责任。这种以私利为出发点的个人抱负，已蜕变为一个包袱压在身上，让人喘不过气来，可有人却乐此不疲。

人们常说："什么事都归咎于他人是不好的行为。"但真的是这样的吗？许多人动不动就把错误归咎于自己，其实这也是不正确的观念。比如说有的人因孩子学习不好而整天苦恼，因孩子没考上大学而内疚。

其实只要自己尽力去为孩子做该做的一切，若孩子因为其他原因而落榜，就不该把责任归到自己身上。再者说，塞翁失马又焉知非福呢？孩子可能在其他方面小有成就。

了解自己，做你自己，就不必勉强自己，不必掩饰自己，也不会因背

负太重的责任包袱而扭曲自己。

如此，就能少一些精神束缚，多几分心灵的舒展，就能少一点自责，多几分人生的快乐。

有的人对自己和社会格格不入的个性感到相当烦恼，可是后来把它想成：这种个性是与生俱来的，是上天所赐予的，并非自己努力不够。这样一想，也就不再责备自己，不再烦恼了。

生活中有许多不快乐与抱怨，当你感到生活烦闷、人生不顺的时候，应该让自己明智一点，不要用"高标准"去为难自己，努力了，尽心了，便随缘好了，卸掉自己背负的沉重包袱，不再折磨自己的内心。

歌德曾经说过："责任就是对自己要求去做的事情有一种爱。"只有认清了在这个世界上要做的事情，认真去做自己喜爱的事，我们就会获得一种内在的平静和充实。知道自己的责任之所在，并背负了恰当的适合自己的责任包袱，我们就能体会到人生旅途的快乐。

随缘心语：

生活中有许多不快乐与抱怨，当你感到生活烦闷、人生不顺的时候，应该让自己明智一点，不要用"高标准"去为难自己，努力了，尽心了，便随缘好了，卸掉自己背负的沉重包袱，不再折磨自己的内心。

4. 适当地认命，不盲目地与天斗与地斗

　　哲学家叔本华提醒世人说："一种适当的认命，是人生旅程中最重要的准备。"做人要有一种奋进与不屈的精神，但这绝不是说要盲目地与天斗与地斗，要持一种尽心随缘的态度，这样的人生才是没有遗憾，也没有悔恨的。

　　大卫王是古代犹太以色列国王（约公元前1000～960年在位），这个伟大的国王对美女有着深深的迷恋。一天，他从王宫的平台上看见一个容貌甚美的妇人，顿时心动神摇。大卫王急忙打听她是谁之后，随即差人将她接进宫中，和她发生了关系。这个美貌妇人叫拔示巴，是大卫王手下将领乌利亚的妻子。

　　和部下之妻拔示巴风流过后，拔示巴告诉大卫王自己怀上了他的孩子。大卫王便将拔示巴的丈夫乌利亚派去前线，并写信给前线的元帅，要求他把乌利亚安排在阵势最险恶的地方，希望借敌人的手将其铲除，使自己"合法"地得到拔示巴以及拔示巴腹中的孩子。

　　大卫王的计谋当然是得逞了。乌利亚战死在前线，而大卫王则如愿以偿地将拔示巴迎娶进宫，成为他众多女人当中最为宠幸的人。然而大卫王借刀杀人、霸占人妻的阴险行为激怒了天神，天神耶和华让他和拔示巴产下的孩子得了重病。

　　大卫王为这孩子的病恳求神的宽恕。他开始禁食，把自己关在内室里，白天黑夜都躺在地上。他家中的老臣来到他的身旁，要把他从地上扶

起来，他却怎么也不肯起来，也不同他们吃饭。

大卫王希望用这种方法，求得天神的原谅，降福于他的孩子。

然而，在大卫王的"苦肉计"进行到第七天时，患病的孩子终于死去了。大卫王的臣仆都不敢告诉他孩子的死讯，他们想：孩子还活着的时候，我们劝他，他都不肯听我们的话，如果现在告诉他孩子死了，他怎么能不更加伤心呢？

大卫王见臣仆们彼此低声说话、神色戚戚的样子，就知道孩子死了。于是他问臣仆们说："孩子死了吗？"

臣仆们不敢撒谎，只得如实回答："死了。"

大卫王听了孩子的死讯，就从地上起来，沐浴后抹上香膏，又换了衣服，走进耶和华的宫殿敬拜完毕，然后回宫，吩咐人摆上饭菜，大口大口地吃了起来。

臣仆们疑惑地问："大卫王啊！你这样做是什么意思呢？孩子活着的时候，你不吃不喝，哭泣不止，现在孩子死了，你倒反而起来又吃又喝。"

大卫王说："孩子还活着的时候，我不吃不喝，哭泣不已，是因为我想到也许天神耶和华会怜恤我，说不定还有希望不让我的孩子死去；如今孩子都死了，怎么也无法复活了，我又何必继续用禁食、哭泣来折磨自己呢？我怎么做都不能使死去的孩子返回来了！"

这个故事当然只是一个传说，但这其中传递了一个深刻的哲理：接受你所不能改变的。如果你努力过了，奋斗过了，争取过了，即使失败我们也没有必要感到遗憾与悲伤，因为一切都已经无法改变，一切努力与悲伤都于事无补。有时候，我们就需要认命。

谈到认命，"命运"是一个无法回避的话题。一些人一听到"命运"，要么是迷信到底，要么是嗤之以鼻。其实，"命运"并不神秘，也不深奥，它是由"命"与"运"组成。其中，"命"是死的，是过去式，例如你生在何家，例如你被炒了鱿鱼，这些情况都是在发生后你才知道的，是不可更改的事实。而"运"是一个建立在将来时基础上的现在时，你梦想成为富豪，你梦想拥有一份好的工作，你为这些梦想而运动、而运作、而运筹，你通过努力就有可能实现它们，这个过程称之为"运"。"命"是死的，"运"是活的。有一个穷爸爸的"命"是无法改变的，但我们可以通过"运"来让自己成为富爸爸；被炒的"命"已经无法改变，但我们可以通过"运"来让自己重新获得一份更好的工作或干脆当个不被老板炒的老板。

其实，在我们前面所说的"接受你所不能改变的"这句话的后面，还有一句叫："改变你所不能接受的"。这不是什么文字游戏，而是两句非常具有哲理的睿智之语。在我们所不能接受的事物当中，有20%是无法改变的，因此我们只能选择接受；我们只能去改变我们所不能接受的事物当中的80%。对20%的坦然接受，就是叔本华所谓的"适当的认命"。

随缘心语：

做人要有一种奋进与不屈的精神，但这绝不是说要盲目地与天斗与地斗，要持一种尽心随缘的态度，这样的人生才是没有遗憾，也没有悔恨的。

5. 急于求成，往往功败垂成

有两棵大小相同的树苗，同时被主人种下，也被一视同仁地细心照料着。不过，这两棵树的起跑点虽然相同，后续的成长状况却大不相同。

第一棵树拼命地吸收养分，一点一滴储备下来，仔细地滋润身上的每一条枝干，慢慢地累积能量，默默地盘算如何让自己扎扎实实、健康茁壮地成长。另一棵树也一样非常努力地吸收营养，不过它追求的目标与第一棵不同，它将养分全部聚集起来，并使劲地将这些养分送至树端，一心想着如何让开花结果的时间提早来到。

第二年，第一棵树开始吐出了嫩芽，也十分积极地让自己的主干长得又高又壮；而另一棵树也长出了嫩叶，不过它却迫不及待地挤出了花蕾，似乎随时都可以开花结果。

这个景象让农夫非常吃惊，因为第二棵树的成长状况非常惊人。只是，当果实结成时，由于这棵树尚未长成，却提早承担了开花结果的责任，因此一时间吃不消，把自己折腾得累弯了腰，至于所结的果实更是因为无法充分吸收养分，比起一般正常的果实要酸涩。

再加上它的体型矮小，许多孩子都喜欢攀上树端嬉戏玩乐，并且拿那些还未成熟的果实游戏，时日一久，这棵树在身心受创的情况下，逐渐失去了生长的活力。

第一棵树的情况却完全相反，原本不被看好的它，反而越来越茁壮，在经年累月地耐心等待之后，终于花蕾绽放。

由于养分充足、根基稳固，不久结成的果子也比其他的树更大更甜，而那急于开花结果的第二棵树却日渐枯萎。

很多人就像第二棵树一般，只学会了皮毛，便急着出头与表现，然而，当他的皮毛用尽，也就意味着能力不过如此而已。这时候，不仅难以占有立足之地，还会跌到更深的谷底，甚至连重新开始的机会都很难找到。

今年假期，小李从广州飞往北京参加精英高尔夫训练营，学习打高尔夫球。其实没参加精英高尔夫球训练营之前，小李也认为没有什么意思，这么小的球还不容易打吗？电视里的高尔夫球比赛，小李从来没有耐性看。但小李是个喜欢挑战的人，也是一名全能型的运动好手，来训练营的目的，是想扫高尔夫盲，成为真正的"十项全能"。

通过一个星期的学习，才知道这个小球不简单。打了整整一天臭球之后，小李才忽然打出了一个极远的好球！没费一点儿力气，一切都是那么自然。小李突然意识到"高尔夫"英文释义的真正含义——就是让我们懂得回归自然：顺理成章、不经意、很自然地，才能完成动作。若刻意想动作，或想发力打远，就一定打不好。急于求成只能拔苗助长，欲速则不达；顺其自然，才能水到渠成。

这也是高尔夫告诉我们的人生哲理。人生何尝不是这样，刻意就是在不适当的时候提出不适当的要求，是希望世界上的事按你的想法去实现。刻意只能让你感到生活一团糟。然而，你往往在不经意中，顺其自然的豁达之中，得到了一切。紧握双拳时，你抓不到东西；放开双手，你却得到了整片天空。

随缘心语：

刻意就是在不适当的时候提出不适当的要求，是希望世界上的事按你的想法去实现。刻意只能让你感到生活一团糟。

6. 做事要踏踏实实，不可耍小聪明

不论是钻研知识、学习技能，还是追求成功，我们都要像大树一样，逐步累积自己吸收的养分，进而培养出扎实的能力，让迈出的每一步留下的都是绝对坚实的脚印。

成功没有捷径，但有一个很重要的秘诀，那便是累积实力。有人或许会问，累积实力与随缘何干？累积是一种务实的态度，而随缘正是这样一种态度，不投机，不取巧，实实在在。当你拥有稳扎稳打的实力后，自然会充满自信，即使前面有一道鸿沟，你也能一跃而过，走向成功的彼岸。

我们常常听到这样的抱怨："我的工作太无趣了，天天看报纸、喝茶。简直就是浪费生命。"所以他觉得有理由敷衍。有的说："我的工作没有挑战性，天天如此，今天是昨天的重复，明天就是今天的重复，从这里就可以看到十年后的我。"听起来确实有理由可以应付了事，每天做一样的事太无聊了，何况上帝也看不到。

在工作中有很多这样的例子，有时候人太"聪明"了，"聪明反被聪明误"，当然这里指的是小聪明，"机关算尽太聪明，反误了卿卿性命"。在工作中，还是要踏踏实实地做点事。任何人都抹杀不了的是你实实在在的工作成绩。

有两个很要好的朋友，一个叫许文华，一个叫程家明。他们大学毕业以后同时应聘到了一家IT公司，从事销售工作。他们虽然是好朋友，但性格迥然不同。

程家明言语不多，在公司上班时，把时间都用在上网收集资料和与客户的电话沟通上，和同事谈的也大多是工作之事。相比之下，许文华则显得八面玲珑，夸女同事衣服好看，与男同事称兄道弟，更不忘抽时间陪部门经理搓搓麻将，似乎颇有人缘；他也因此了解到了颇多的公司内幕：某某是靠谁的关系进了公司，某某的奖金发了多少。许文华常点拨程家明：要把与领导和同事的关系搞好，工作才更好做。

随着时间的推移，程家明的销售业绩开始领先于许文华。同样提出的方案，大家对程家明的方案讨论得很详细，而对许文华的则往往是一笔带过，没有过多的注意。这让许文华很不平衡，心里有了情绪，工作也受到影响，他甚至已经开始考虑是否要跳槽。

两周前，公司进行人事改革，有一些岗位在全公司内公开竞选，程家明报了名。许文华则对程家明说："报了也是白报。我们都是新人，参加竞选的人谁没有关系啊？怎么可能轮到我们呢！"经过积极筹备，程家明从12个竞争者中脱颖而出，成为区域技术销售部经理，总经理对程家明赞赏有加：IT公司具有年轻化的特点，因此新人的晋升机会很大。程家明好学实干、工作能力出色，公司当然会给这样的优秀职员提供锻炼机会。

程家明经过自己实实在在的工作，赢得了总经理和同事的认可，工作已经步入正轨，开始在公司担当重任。而许文华依然还在销售部原来的岗位上，比刚开始更多了几分牢骚和不满，经常自怨自艾。

在工作中，人际关系和工作环境固然是很重要的也是不可缺少的，但

更重要的是自身实力。我们在工作中的首要任务是不断地充实自己，能够对自己的工作精益求精，而不是把太多的精力花在猜忌他人身上。与其把精力花在琢磨领导、同事身上，抱怨环境，还不如把心思花在工作上，自己的工作能力提高了，还担心没有人赏识吗？

俗话说，发展是硬道理，但在职场中，业绩才是硬道理。要想在某一职业、某一公司立足，进而想谋求发展，自身没有实力是行不通的。

随缘心语：

成功没有捷径，但有一个很重要的秘诀，那便是累积实力。有人或许会问，累积实力与随缘何干？累积是一种务实的态度，而随缘正是这样一种态度，不投机、不取巧、实实在在。当你拥有稳扎稳打的实力后，自然会充满自信，即使前面有一道鸿沟，你也能一跃而过，走向成功的彼岸。

7. 人生要的是过程，而不仅仅是结果

从前，山中有座庙，庙里没有石磨，因此，庙里每天都要派和尚挑豆子到山下农庄去磨。

一天，有个小和尚被派去磨豆子。在离开前，厨房的大和尚交给他满满的一担豆子，并严厉警告："你千万要小心，庙里最近收入很不理想，路上绝对不可以把豆浆洒出来。"

小和尚答应后就下山去磨豆子。在回庙的山路上，他不时想起大和尚凶恶的表情及严厉的告诫，愈想愈觉得紧张。小和尚小心翼翼地挑着装满豆浆的大桶，一步一步地走在山路上，生怕有什么闪失。

不幸的是，就在快到厨房的转弯处时，前面走来一位冒冒失失的施主，撞得前面那只桶的豆浆洒出了一大半。小和尚非常害怕，紧张得直冒冷汗。

当大和尚看到小和尚挑回的豆浆时，当然非常生气，指着小和尚大骂："你这个笨蛋！我不是说要小心吗？浪费了这么多豆浆，去喝西北风啊！"

一位老和尚听闻，安抚好大和尚的情绪，并私下对小和尚说："明天你再下山去，观察一下沿途的人和事，回来给我写个报告，顺便挑担豆子下去磨吧。"

随缘的人生自在多——人生变化无常，你要学会随缘

小和尚推卸，说自己连磨豆子都做不成，哪可能既要担豆浆，又要看风景，回来后还要作报告。

在老和尚的一再坚持下，第二天，他只好勉强上路了。在回来的路上，小和尚发现其实山路旁的风景真的很美，远方看得到雄伟的山峰，还有农夫在梯田上耕种。走不久，又看到一群小孩子在路边的空地上玩得很开心，而且还有两位老先生在下棋。这样一边走一边看风景，不知不觉就回到庙里了。当小和尚把豆浆交给大和尚时，发现两只桶都装得满满的，一点都没有溢出来。

其实，与其天天在乎自己的功名和利益，不如每天在努力学习、工作和生活中，享受每一个过程的快乐，并从中学习成长。有时，不执着于结果，反而能得到好的结果。

随缘心语：

只有真正懂得从生活中寻找人生的乐趣，才不会觉得自己的日子充满压力及忧虑。人生是一个过程，而不仅仅是一个结果。

8. 不必太心急，功到自然成

一个屡屡失意的年轻人千里迢迢来到普济寺，慕名寻到老僧释圆，沮丧地对他说："人生总不如意，活着也是苟且，有什么意思呢？"

释圆静静听着年轻人的叹息和絮叨，末了才吩咐小和尚说："施主远道而来，烧一壶温水送过来。"

不一会儿，小和尚送来了一壶温水，释圆抓了茶叶放进杯子，然后用温水沏了，放在茶几上，微笑着请年轻人喝茶。杯子冒出微微的水汽，茶叶静静浮着。年轻人不解地询问："宝刹怎么用温水泡茶？"

释圆笑而不语。年轻人喝一口细品，不由摇摇头："一点茶香都没有呢。"

释圆说："这可是闽地名茶铁观音啊。"

年轻人又端起杯子品尝，然后肯定地说："真的没有一丝茶香。"

释圆又吩咐小和尚："再去烧一壶沸水送过来。"

又过了一会儿，小和尚便提着一壶冒着浓浓白汽的沸水进来。释圆起身．又取过一个杯子，放茶叶，倒沸水，再放在茶几上。年轻人俯首看去，茶叶在杯子里上下沉浮，丝丝清香不绝如缕，望而生津。

年轻人欲去端杯，释圆作势挡开，又提起水壶注入一线沸水。茶叶翻腾得更厉害了，一缕更醇厚更醉人的茶香袅袅升腾，在禅房弥漫开来。释

圆这样注了五次水，杯子终于满了，那绿绿的一杯茶水，端在手上清香扑鼻，入口沁人心脾。

释圆笑着问："施主可知道，同是铁观音，为什么茶味迥异吗？"

年轻人思忖道："一杯用温水，一杯用沸水，冲沏的水不同。"

释圆点头："用水不同，则茶叶的沉浮就不一样。温水沏茶，茶叶轻浮水上，怎会散发清香？沸水沏茶，反复几次，茶叶沉沉浮浮，释放出四季的风韵。既有春的幽静夏的炽热，又有秋的丰盈和冬的清冽。世间芸芸众生，也和沏茶是同一个道理。若沏茶的水温度不够，想要沏出散发诱人香味的茶水不可能；你自己的能力不足，要想处处得力、事事顺心自然很难。要想摆脱失意，最有效的方法就是苦练内功，提高自己的能力。"

年轻人茅塞顿开，回去后刻苦学习，虚心向人求教，不久就引起了单位领导的重视。

随缘心语：

水温够了茶自香，工夫到了自然成。历史上凡有建树的人，往往都是很勤奋、很努力的人。任何一项成就的取得，都是与勤奋和努力分不开的。

9. 随缘而变，接受成长

一股山泉从山上奔泻而下，流入小溪，随即又匆匆忙忙地踏上人海的旅程，一路唱着激越的歌。

马路上水洼里积着的泥水听到溪水唱的歌，不由得发出了感叹："唉，这些愚蠢的家伙，日夜不停没命地奔走，只知道糟蹋自己，一点儿不懂得享受。像我们这样，既安定又舒适，真是太叫人羡慕了！"

哪知，泥水的话被溪水听到了，忙着向前奔走的溪水立刻响亮地回答："不，你错了，安定舒适只能消磨我们的意志，享乐只能使我们自取灭亡，对于我们来说，生命就是运动，停止向前才是死亡。"

几天后，水洼里的水干了，而小溪里仍不断地有歌声传来。

成长是一生一世的事，而不是一时的事，这一点很重要。有时态度和毅力就能够决定一个人能不能成功。成功从来都不是一帆风顺的，不仅有荆棘，也有黑暗，更有"好事多磨"，有数不清的寂寞，越不过这个坎，跨不过那道梁，你就会跌倒在成长的路上，再也爬不起来。

鹰妈妈一次生下四五只小鹰，由于它们的巢穴很高，所以猎捕回来的食物一次只能喂给一只小鹰，而鹰妈妈的喂食方式并不是依平等的原则，而是哪一只小鹰抢得凶就给谁吃。在此情况下，瘦弱的小鹰吃不到食物都死了，最凶狠的则存活下来。

随缘的人生自在多——人生变化无常，你要学会随缘

当幼鹰长到足够大的时候，鹰妈妈会把巢穴里的铺垫物全部扔出去，这样，雏鹰们就会被树枝上的刺扎到。因此，它们不得不爬到巢穴的边缘。

而这时，鹰妈妈就会把它们从巢穴的边缘赶下去。当这些雏鹰开始坠向谷底的时候，就会拼命地拍打翅膀来阻止自己继续往下落，最后，它们的性命保住了，因为它们掌握了作为一只老鹰所必须具备的最基本的本领——飞翔。

随缘心语：

当生活开始束缚你的成长时，变化就必定会产生。这时，你必须离开过去那种熟悉安全的环境，向着未知领域行进。你必须承受生活中的变化，有些事情，既不能改变，也不能抗拒，所以，不如顺天而变，鼓盆而歌。

10. 人要有受得起成功、经得起失败的精神防线

19世纪中叶美国有个叫菲尔德的实业家，率领工程人员，要用海底电缆把"欧美两个大陆连接起来"。为此，他成为美国当时最受尊敬的人，被誉为"两个世界的统一者"。在举行盛大的接通典礼上，刚被接通的电缆传送信号突然中断，人们的欢呼声变为愤怒的狂涛，都骂他是"骗子""白痴"。可是菲尔德对于这些毁誉只是淡淡地一笑。他不作解释，只管埋头苦干，经过六年的努力，最终通过海底电缆架起了欧美大陆之桥。在庆典会上，他没上贵宾台，只远远地站在人群中观看。

菲尔德不仅是"两个世界的统一者"，而且是一个理性的战胜者。当他遇到难以忍受的厄运时，通过自我心理调节，然后做出正确的选择，从而在实际行为上显示出强烈的意志力和自持力，让自己从容地度过了难关，走向了成功。这就是一种理性的自我完善。

人生无坦途，在漫长的道路上，谁都难免被人误解、遭人质疑。在面对不公、不顺、不敬时，你以怎样的心态自处，是你能否继续走下去的关键。人类科学史上的巨人爱因斯坦，在报考瑞士联邦工艺学校时，竟因三科不及格落榜，被人耻笑为"低能儿"。小泽征尔这位被誉为"东方卡拉扬"的日本著名指挥家，在初出茅庐的一次指挥演出中，曾被中途"轰"下场来，紧接着又被解聘。为什么厄运没有摧垮他们？因为在他们眼里始

终把荣辱看作是人生的轨迹，是人生的一种磨炼。应该说，正是这种面对厄运和无奈时表现出的平常心，才造就了他们日后绚丽多彩的人生。

世上有许多事情的确是难以预料的，成功伴着失败，失败伴着成功，人本来就是失败与成功的统一体。人的一生，有如簇簇繁花，既有红火耀眼之时，也有暗淡萧条之日。面对成败或荣誉，要像菲尔德那样，不要狂喜，也不要盛气凌人，把功名利禄看轻些，看淡些；面对挫折或失败，要像爱因斯坦、小泽征尔那样，不要忧悲，也不要自暴自弃，把厄运羞辱看开些，看远些。这样就不会像《儒林外史》里的范进，中了举惹出祸端。范进一心想中举出名，可是几次考试都名落孙山。他饱受各种冷眼，连岳父也看不起他。后来他终于中了举，然而由于狂喜过度，一口痰上不来，倒地而昏，变成了疯子。

人要有受得起成功、经得起失败的精神防线。成功了要时时记住，世上的任何一样成功或荣誉，都依赖周围的其他因素，决非你一个人的功劳。失败了不要一蹶不振，只要奋斗了，拼搏了，就可以无愧地对自己说："天空不留下我的痕迹，但我已飞过。" 这样就会赢得一个广阔的心灵空间，得而不喜，失而不比，把握自我，超越自我，从容地度过自己的一生。

随缘心语：

人生无坦途，在漫长的道路上，谁都难免被人误解、遭人质疑。在面对不公、不顺、不敬时，你以怎样的心态自处，是你能否继续走下去的关键。

卷八
爱也好，恨也好，情感随缘

　　在面对感情时，随缘绝对是一种最实用的态度。情感随缘，绝不是让你在感情中消极放纵，也不是让你放弃追求。而是以一种豁达的心态面对情感的起伏不定，面对感情的破碎和背叛，同时，也是让我们理性地对待婚姻和恋情，不过高期许，也不任由其渐渐冷淡。要以积极的方式去经营，以冷静的态度去接受。这便是随缘的意义所在。

1. 不爱那么多，八分刚刚好

有一首歌中唱道：不爱那么多，只爱一点点，别人的爱似海深，我的爱情浅。这个歌词原本是有"文坛怪杰"之称的台湾作家李敖的一首诗（全诗见本节末），名为《不爱那么多》，被歌手巫启贤改编为《只爱一点点》，坊间传唱一时。韩寒曾这样评价："只爱一点点，相当痞的歌，相当好的词。李敖写的一个小诗，结果不幸没触动他的女人，却触动了巫启贤，给谱了曲。词中所述，是相当高的境界。是人神共往，天地同一，世界太平的一种状态。"

在哥呀妹呀死呀活呀的情歌泛滥年代，由李敖和巫启贤联袂演绎的《只爱一点点》，无疑给对情歌过于饱和吸收的歌迷们的不通畅消化道下了一剂强力泻药。李敖的传奇一生总是与女人有着千丝万缕的联系，据李敖在自传中坦白，他爱过的女人就有十数人之多，伴随着他人生的各个时期。他曾在一首诗中用玩世不恭的语气说："三月换一把，爱情如牙刷；但寻风头草，不觅解语花。"

李敖"只爱一点点"的爱情主张，可谓在"二分饱"中觅"十分饱"的真味。看到好果子就摘，摘到手吃一口就扔——好吃也是扔，扔了再采新鲜的；不好吃也是扔，扔了再采好吃的。李敖骄傲地声称："我用类似'登徒子'的玩世态度，洒脱地处理了爱情的乱丝。"李敖之蜻蜓点水式的爱情，对于他来说也许很合适很受用，但我们在这里绝没有提倡与推广的意思。首先，这不符合社会的公序良俗。绝大多数人对于爱情抱有长久的愿望，对于婚姻抱有稳定的要求；其次，绝大多数人也不具备李敖的能力、精力、财力甚至魅力。

在另一个台湾作家琼瑶的爱情肥皂剧里，我们总是能听到诸如"我真的真的好爱你好爱你"之类的煽情表白。这些话千篇一律地用哭腔喊出，画面少不了来一个梨花带雨的特写。爱一个人，为什么要"十分"呢？

从你来说，十分地爱一个人，会被他主宰了你的一切，你如同被魔杖点中，完完全全地失去了自己，动辄就会方寸大乱。不要以为你给予了对方十分的爱，对方就会回报你十分的爱。十分地爱一个人，就会无原则地容忍他、迁就他，等到他习惯于这种容忍与迁就，就如同被宠坏了的孩子一样无视你的付出，觉得你很烦、没个性，甚至开始轻视你、怠慢你、践踏你……

从对方来说，被爱本来是一种快乐，而你过分的爱却成了负担。抱他抱得太紧，他就会失去自由呼吸的空间。

爱情不分左右，但如果一定要分的话，我们不妨把"只爱一点点"的李敖视为"极右"，将琼瑶阿姨笔下爱得掏心掏肺的纯情主角视为"极左"。"极右"与"极左"都不是正路，最好的道路是折中，随缘尽心而不过分。关键是：这个"中"在哪里"折"比较合适？

爱情其实也如同吃饭，"吃"得太少，就需要不停地吃零食——如李敖；"吃"得太多，容易撑坏肚子。当你爱一个人的时候，爱到八分刚好。同时，你所期待的回报，也只要八分。你自己应该剩下二分来爱自己，允许对方留二分爱他自己。八分饱的爱情观，虽然不见华丽，但是却

见平实；不见轰轰烈烈，却见清新雅致。

最后，我们将李敖的打油诗《不爱那么多》附录如下，请读者自己去体悟其中的味道：

> 不爱那么多，
>
> 只爱一点点，
>
> 别人的爱情像海深，
>
> 我的爱情浅。
>
> 不爱那么多，
>
> 只爱一点点，
>
> 别人的爱情像天长，
>
> 我的爱情短。
>
> 不爱那么多，
>
> 只爱一点点，
>
> 别人眉来又眼去，
>
> 我只偷看你一眼。

随缘心语：

爱情不分左右，但如果一定要分的话，我们不妨把"只爱一点点"的李敖视为"极右"，将琼瑶阿姨笔下爱得掏心掏肺的纯情主角视为"极左"。"极右"与"极左"都不是正路，最好的道路是折中，随缘尽心而不过分。

2. "将就"是爱情婚姻中的随缘智慧

小说与戏剧中，常常把爱情塑造得那么完美。其中的男主角简直就是白马王子的化身，而女主角也有白雪公主的派头。但我们要实实在在地告诉你，那是被加工过的艺术，绝不是生活中的现实。

对于男人来说，理想的恋人当然是集漂亮、温柔、贤惠于一身，要是有很多钱或有赚大钱的能力就更好了。而对于女人来说，她们理想的恋人也能说出个一二三四来。然而，这种人存在吗？当然存在！它只存在于初恋的那一段，过后，就烟消云散。

有一个老男人，自幼家产颇丰，模样也是英俊潇洒，但一直没有找到一个理想的恋人。在他孤独地躺在医院的豪华病房等待死亡的降临时，一个年轻的护士忍不住问他："老爷爷，您为什么要选择单身呢？"老男人的回答是这样的："因为我一直想找一个完美的女孩。"护士继续问了一句："没有找到吗？""找到了一个。""那，为什么没有结婚？""因为，她也在找一个完美的男人。"

这个年轻的护士，当天回到家后，第一次没有责怪丈夫将他的东西乱放。看见丈夫没有洗干净苹果就吃，她也忍住了唠叨，只是说："我来吧。"便拿起苹果洗干净再削给丈夫吃。

老男人的经历乍一看似乎有虚构的成分，但类似的事情在我们身边并

不少见。我们见多了"花园里选花"的男女，最后在时间的流逝中青春远去，他们最终没有什么特殊办法，只好为解决单身问题而将就地找一个，或者在不愿将就中孤独老去。

为什么大家都会要求对方完美呢？为什么从不会想到自己本身就不完美啊。完美主义者并非都像老男人那样孤单到老，他们也有些像年轻护士一样，也许在恋爱中因为荷尔蒙的刺激，对方在你的眼里很完美，但时间久了，或者结婚之后，一切缺点都会浮现出来。原来你是这样的人呀？我真是瞎了眼啊！——诸如此类的话，每天不知道从多少人口里讲出来。

有人说：爱一个人，就应该也爱上他的缺点。这话看上去很美，但事实上很难做到，同时也并不值得提倡。缺点很少有可爱的，如果可爱，那就不是缺点而是优点了。

恋人也好，配偶也罢，抓大放小，八分满意就行了。余下的二分，不妨睁一只眼闭一只眼，随他吧，只要不是大的原则问题，又何苦自己跟自己过不去，把双方搞得那么累？

随缘心语：

恋人也好，配偶也罢，抓大放小，八分满意就行了。余下的二分，不妨睁一只眼闭一只眼，随他吧，只要不是大的原则问题，又何苦自己跟自己过不去，把双方搞得那么累？

3. 爱情没了还会来，不要把爱情看得过重

歌德曾说过："爱是真正促使人复苏的动力。"爱是什么？爱是一种永恒的支撑，它如涓涓细流，伴随我们的一生；爱是一盏明灯，照亮别人也温暖了自己。

爱情令人迷恋和神往的缘由，来自生命在爱中能不断地获得成长。因为爱让人有了丰富和完善自己的愿望；因为爱让人发现了自己的美好与欠缺。为了能长久地驻足在对方的照耀里，相爱着的男女会生发出丰富和完善自己的愿望，想努力展示自己生命的色彩和光芒，想拉近彼此的距离。于是，男女在爱中开始成长了。

爱对心灵的影响就是这么巨大，爱不是一种虚无缥缈的气息，它对每个人情感方向的引导是具体的，真实的，也是清晰的。

在爱中最大的受益者不是对方，而是你自己。在爱情中，我们学会了如何爱人，如何接受对方的爱，如何相处，如何展现更好的自己……自我生命在爱中成长了、丰富了、完善了。

爱情没了还会来，可偏偏很多人把爱情看得太重，甚至超过了自己的生命。当时间将这一切沉淀，你会发现，当年你觉得难以逾越的坎儿其实没那么大，当年你以为深爱的人不过如此，当年你以为再也不会有的爱情，其实根本没那么重要。

30岁的美女作家叶子说：

"算起来，我已经三年没有恋爱了。

"曾经，我以为自己是个离开爱情就无法活的女人，从17岁开始，恋爱，失恋，再恋爱，再失恋，伤害男人，也被男人伤害。每一次分手，都发毒誓：再也不谈恋爱了！可是恋爱过的人，已经习惯了两人卿卿我我，最不能忍受一个人孤孤单单，所以用不了多久，就又重蹈覆辙，坠入情网，爱得一塌糊涂，然后又是吵架、怄气、冷战、伤心、绝望、分手……

"我以为，此生已不可救药，将这场由恋爱和失恋组成的奏鸣曲进行到底了。可是现在，我已整整三年没有恋爱了！说出来连我自己也有些不太相信，但却是事实。

"三年里，两年的时间在写小说，还有一年，一半的时间在写剧本，一半的时间阅读、听音乐、独自旅行。原以为，没有爱情，一个人生活，肯定会孤单寂寞，风雨飘摇，没有安全感。最初，的确是这样。每天早晨睁开眼，房间里空空如也，除了自己，没有一个能呼吸的活体，内心充满一种莫名的恐惧，忍不住想：如果我哪天病了，死在床上，恐怕要几天后才会被邻居发现，就像张爱玲那样。这样一想，恨不得立刻拿起电话，打给已经分手的情人。

"但是，我没有。幸亏没有。

"现在，三年的时间过去了，小说已出版，摆放在各个城市书店；剧本也已交付，制作方正在筹拍；版税和稿费，已经物化成明亮的新居。还有读过的书，听过的音乐，和旅行中的风景，都清晰地印在记忆里。而那些曾经的爱情，已经变得模糊，遥远得好像是发生在别人身上的事。有时候清晨醒来，偶尔也会忆起一些片段，但更多的时候，还是习惯地打开音响，让那一首首比生命还久远的古典乐曲穿过岁月，走近我。这个时候，也只有这个时候，我才会完全地忘记自己，好像一个恋爱中的女人。

"从前，只有爱情能让我忘记自己，现在，她被置换了。是从什么时候起，爱情，曾被我视为生命般的爱情，变得不再重要了？我不知道，在未来的日子里，我还会不会再度恋爱。

"但我知道，我永远也不会再像青春年少时的我，瞒着父母，把每天午餐的钱省下来，只为给他一份生日礼物。现在的我，如果仅有最后一百元钱，我愿意用30元给他买礼物，余下的70元，留给自己。我知道，这样做很俗，但生活，说到底，终究是一件很现实的事。你可以不顾一切，但最终还得自己收拾残局。"

从没做过感情奴隶的女人，固然不幸，但比这更不幸的，也许是一辈子做感情的奴隶。

一个女人成熟的标志，就是不再把爱情当成生活的主题。

她会明白：人生是分阶段的，17岁时，你可能会为自己爱的人去死；等到了30岁，你要想着为了自己好好活。

如果你不爱别人，你就看不清自己，又怎么会有丰富自己强大的动力呢？爱让生命发生了一系列的变化，这些变化构成了推动生命向上成长的内在动力，这才是爱的本来面目和古老功能。在爱中，人能品尝牵挂和思念的滋味，能体会肝肠寸断的痛苦，生命因多了各种体验而趋向完整。

爱情不是纯粹的浪漫。爱情的本质，应该是两个人在一起能互相帮助，令彼此都能有所提升。

最好的爱情是两个人彼此做个伴。不要束缚，不要缠绕，不要占有，不要渴望从对方身上挖掘到意义，那是注定要落空的东西。而应该是我们两个人并排站在一起，看看这个落寞的人间。

　　首先，就得降低对爱情的过分期望。别指望有个人完全懂你；试想一下，就是我们自己也时常误解自己呢，更何况他人。只要他有愿意懂你的态度，在一些基本问题上（比如你的生活态度与个性特征）不反对你或者对你保持尊重与欣赏即可。也别指望一个人爱你胜过爱他自己。人生来首先得爱自己，他时时相处的也是他自己，如果他都不爱自己，他拿什么来爱你，你若爱他又会爱他的什么呢？

　　如果他历经沧桑后给你的拥抱还是温暖的，对这个世界还是坦然接受的态度，对你的一些缺点也不会挑剔，愿意陪你说话，给你安慰，那么这份情感就值得你去守护。

　　当然守护情感不是占有，不是不停地追问、索求，而是要有一颗能够静下来的心，感受自己，感受对方内心最深刻也最简单的需求。

　　静下来的能力，这是好的爱情必备的品质之一。在言情剧与传统爱情中，两个人爱得如火如荼时，我们所感受的爱情多是剪不断理还乱，彼此难分难解，飞蛾扑火的那种。这种爱情以"死了都要爱"的姿态告诉我们，爱情，"不淋漓尽致不痛快"。而事实是，在淋漓尽致之后要么是一片废墟，要么是一堆灰烬。这种"来得猛烈、去得残酷"的爱情通常让人产生悲剧之感，甚至会因此对人生产生疑问。

　　好的爱情则正好相反，它来得缓慢，不够火热，但是在持续的过程中让人逐渐感受它的绵软、温和，如同一股清泉，细细流淌，逐渐就汇集成一汪湖水，在底部深深流淌着一股温情。静水深流，好的爱情不是激烈的，而是有安稳为底子，看似简单，实则深厚。

　　好的爱情实际上是一个人有过修养与历练，对人生有深厚的包容与体谅之后的爱情。就如同秋天枝头那一枚饱满的果实，经过春夏风雨阴晴之后，有了自己沉甸甸的分量。

好的爱情，应该让我们更爱这个世界，而不是只爱对方；好的爱情，应该让生命更豪放地盛开，而不是困在狭窄的爱里；好的爱情，不会消耗我们的活力，而是让我们活得更有元气；好的爱情，让我们体验的不是爱情的好，而是生活的好；而最好的爱情，则能让我们一起走到最后，安详在那个不只叫爱情的地方。

"问世间情为何物，直教人生死相许"，爱情往往在人们的疏忽和大意中来临，当某一天早晨醒来你会发现，不经意间你已经为另一个人打开了自己的心门，就会发现心中早已为他预留了位置。

爱情总是让人痴迷，是一种明知道会受伤，很多人却愿意玩的游戏。然而每个人游戏期间的感受都不同，有人痴了，有人迷了，有人悟了。

痴迷的人一生都在追逐爱情。爱情，是相爱的两个人于万千人之中的一次感动、一次生死契约，爱了便是永远，哪怕舍了性命化身为蝶，也要永远相依相随。

游戏人生的人觉得人生不过是场游戏。爱情，只是在适当的时候找到一个适当的人来互补两个人的生活，实在没有什么忠诚和永远可谈。

爱情是每个人的必修课，其实更是一种修行。爱是冬日的暖阳，是夏日的轻风；是失败时的鼓励，成功时的冷静，痛苦时的爱抚；爱是疲惫时可依靠的肩膀，是受伤时的避风港。爱需要你学会宽容与忍让，爱不仅仅是索取更需要你的付出。只有彼此真心相爱的两个人，才会愿意给予对方最珍贵的东西，包括感情、物质。

每个人都生活在各自的圈子里，想要去邂逅天涯相知的人，才知道自己根本走不开，原来与另一个人相逢又相知真的很难。世界这么大，人多

的数不过来，茫茫人海中能遇到一个可以与你心心相印的人，莫不是一大幸事，所以千万别辜负了这一份相逢又相知！

爱情从来不会一帆风顺，命运也不会亏待那些多情而又善良的人们，所以不管你是向左还是向右，始终都还是要退回来，然后继续向前。因为不管你是向左还是向右，只能领略其中的美好和辛酸，过后才会有收获。

修行爱情的过程也是道德自我完善的过程，这个过程可以提高个人修养和道德品质，可以挖掘自己本性中的善念，把爱情升华到一个高度，明白爱是包容不是放纵，是关怀不是宠爱，是相互交融而不是单相思，爱是百味而不全是甜蜜……

真正的爱情并不一定是他人眼里的完美匹配，而是相爱的人彼此心灵的相互契合，是为了让对方生活得更好而默默奉献。

真正的爱情，是在能爱的时候懂得珍惜，在无法爱的时候懂得放手。因为，放手才是拥有了一切。

请在珍惜的时候，好好去爱。在放手的时候，好好祝福。

真爱是一种从内心发出的关心和照顾，没有华丽的言语，没有哗众取宠的行动，只有在点点滴滴、一言一行中你能感受得到，那样平实、那样坚定。

随缘心语：

最好的爱情是两个人彼此做个伴。不要束缚，不要缠绕，不要占有，不要渴望从对方身上挖掘到意义，那是注定要落空的东西。而应该是两个人并排站在一起，看看这个落寞的人间。

4. 懂得知足，情才长久

曾经有人这样说：人生其实很简单！只要你能懂得"珍惜、知足、感恩"，你就拥有了生命的光彩。追求幸福、满足欲望是人与生俱来的本能，而女人更是对"幸福"有着很高的期待。但若无休止地追求，对自己却是一种伤害。

"知足常乐，知足得福"这是一句箴言。这里说的知足，并不是不思进取，而是针对无休止的奢求和欲望而言。女人如果沦为欲望的奴隶，劳其一生，最终可能会发现这辈子并不快乐。

有这样一对夫妇，他们结婚几年来一直很恩爱，二人也很努力奋斗。这不，刚刚在一处花园小区按揭买了房子，从出租屋搬到了漂亮的新居。

然而，好心情却没有持续几天。

搬进来后，男人和女人发现十个邻居里面有九个都是富翁。抬头看别人，低头看自己，女人心里开始不平衡了，便经常看着自己光光的脖子和手指发呆，早上坐公交车的时候望着那些锃亮的私家车发愣，回到家看到自己丈夫时就会非常郁闷地叹气。

渐渐地，他们开始为一些小事争吵，男人说她不可理喻，是不是更年期提前了。女人却说："如果你是个百万富翁，我会马上从更年期返回青春期。"男人被噎得哑口无言。

其实，他们的生活已经比原来好很多了，但曾经如花儿一样怒放的幸

福却开始枯萎了。

女人开始喋喋不休地抱怨，抱怨自己每天挤公交车上班挤得一身臭汗，而隔壁的女人是自己开着本田去上班的；抱怨最新款的珠宝首饰自己只能看不能买，单位的女同事却面不改色心不跳地刷卡买……

男人的心情也渐渐烦躁，争吵和冷漠取代了往日的温馨。

男人无限怀念和女人住在出租屋的日子：那时没有抱怨，没有争吵，有的只是两个人互相鼓励、互相支持。一盒酸奶，她吸一口，他吸一口，吸得两个人都眉开眼笑。刚上市的荔枝贵得要命，男人还是买来一些给女人尝鲜。

其实，人还是那两个人，变的只是心境。

一天，当女人又一次抱怨自己的生活处境不如人时，男人很严肃地说："其实，我们自己曾经是百万富翁。"

女人吃惊地看着他。男人说："美国人做过一个调查，调查结果是和谐、美满的家庭带给人的幸福感相当于20万美元，换算成人民币的话，该是多少钱呢？"

"我们幸福过吗？"男人问。

女人点点头。

"那现在呢？最近，你觉得幸福吗？"男人又问。

女人摇摇头。

"我们为什么要让自己从百万富翁变成穷光蛋呢？"男人温柔地把女人拥入怀中，"你难道不觉得自己是个幸福的女人吗？我们没有别墅，但我们有温暖的家；我们没有多少银行存款，但我们彼此相爱。我虽然不是大款，但我有一颗永远属于你的心呀！我把你当成我所拥有的最大财富，难道你不把我当成你的一笔财富吗？"

女人思忖了良久，笑了。她说："猛然发现自己原来也是个百万富翁，心情豁然开朗了。其实，我们都是富有的人，只不过我们拥有的财富不同罢了。"

人的一生似乎总有很多事情并不那么让人满意，并不够完美。如果一心想追求完美，就会被蒙蔽双眼，看不到自己本来就拥有的幸福。

别因为这样或那样的不满意便去抱怨，抱怨给自己听，抱怨给自己的亲人好友听。在抱怨中生活着的女人是不快乐的，在其潜意识当中，总是有着挥之不去的负面感觉。体味一切美好的事物，珍惜自己的拥有，把握每一种优越，才能抓住人生的快乐。

随缘心语：

人的一生似乎总有很多事情并不那么让人满意，并不够完美。如果一心想追求完美，就会被蒙蔽双眼，看不到自己本来就拥有的幸福。

5. 在感情问题上，纠结、纠缠都没有意义

2008年2月20日，香港知名女艺人沈殿霞病逝，终年60岁。这位终其一生"笑容满面"的明星在步入天堂的那一刻，让很多人为之落泪。人们在缅怀肥肥的同时，也想起了她的前夫郑少秋。一些"肥迷"甚至为此而掀起了一场"批郑"的风波，郑少秋一下子成了风口浪尖上的人物。

然而，在天堂的肥肥未必喜欢影迷这样的举动。因为纵观沈殿霞的一生，她宽容了郑少秋的出轨，宽容了婚姻的背叛。

肥肥生前曾写过一篇文章《感谢前夫郑少秋》，其中真实地记录了她的心路历程，这里截取了一部分原文：

"人的感情真的没法解释，要发生的就会发生。我跟郑少秋接触多了，发现他非常顾家、孝顺，工作态度相当认真，一天到晚都在看剧本，所以我才放心跟了他14年。"

"女儿欣宜刚八个月大时，我和郑少秋因为有第三者介入而分了手。离婚后，我患上了抑郁症和糖尿病，头发都掉光了，生病住院连个倒水喝的人都没有，那时真看不到未来的方向。"

"记得有一次去加拿大看母亲和女儿，一群华人在街区认出我，说："咦，肥姐，好久没看到你的新喜剧片了，快些拍片，你可是'香港开心果'哟！"当时这句暖心的问候语让我开了窍：我的婚姻虽不开心，但很多人还等着我带来开心呢，况且我不能停下工作，母亲和女儿的生活都必须由我负担，我要用正面、积极的工作态度让她俩过得幸福。"

"人生就是这样，好多事过去就过去了，好像两个人擦肩而过。你说没缘分吗？不是，有缘，但又各有各的方向……"

"夫妻间的情感可以淡去，但父女亲情不可磨灭，女儿欣宜对她父亲很有感情。前年她毕业，阿秋在毕业典礼上突然出现，女儿开心得不得了，很激动地搂着父亲合影，我看着女儿激动的神情，突然很感动，觉得自己应该感谢郑少秋，感谢他让我看到了女儿真正的笑容！"

从这封信里，我们看到了肥肥的乐观、宽容，对于那个伤害自己的人，她的眼里永远没有仇恨，只有悦纳。她用宽广的胸襟原谅了那不可原谅的错误，她用宽厚的气度化解了一场夫妻间的反目纠纷，她用释然的态度看待女儿与父亲的亲情。她用自己的一颗心为世人描摹了"宽容"，在如此纷繁复杂的娱乐圈中，她是那个永远熠熠灿烂的人。

在沈殿霞去世后短短几小时，香港特区行政长官曾荫权也亲自召开发布会表示哀悼，这是娱乐圈明星难得享受的殊荣。在这一不同寻常的背后，是沈殿霞"宽容"的人格魅力在发挥作用。

沈殿霞是香港娱乐圈里著名的"国际警察"，因为无论是女艺人，还是男艺人，都愿意请她来调解矛盾、化解哀愁。姐妹们总把各种闺中隐忧跟她讲，男艺人也都把肥肥当哥们，拉她出去喝酒排遣压力，甚至夫妻间有什么矛盾，也找肥肥调解。

最不能让人忘怀的就是，在肥肥主持的王牌栏目《欢乐今宵》中，她请来了郑少秋，在节目的最后，她非常自然地问："当时你有没有真的爱过我，你只要用'是'或者'不是'来回答。"虽然看到了对方犹疑的目光，但当听到了对方肯定的回答时，她还是宽怀地笑了。

　　肥肥的可爱之处就在于此，她从不纠缠于某个问题不放。人世间的感情莫不是如此，没有宽容，就只有"恩怨报复"；没有宽容，就只有"短兵相接"；没有宽容，就只有"相互残杀"；没有宽容，人的境界也就越走越窄，最终必将走入灭亡。在感情问题上，纠结、纠缠都没有意义，只能让对方更加讨厌你，该放手就放手，能不计较就不计较，把心放宽了，就让它随缘去吧，这样，我们人生的路也就越走越宽了。

　　随缘心语：

　　感情不是靠武力征服的，有些缘分尽了，就让它去好了；有些爱没了，就给心灵腾出空间好了。不必伤怀，不必纠缠，放下眼前一段路，还有远方等你去探访。

6. 夫妻别总互责怪，多一分理解多一分缘

大凡人与人相遇、相知、相伴都是缘，是一面之缘、同窗之缘、朋友之缘、亲人之缘……但，再没有哪一种缘分比姻缘更能让人心动的了。两个原本陌生的人，因了那冥冥之中的缘分而走到了一起，从此共同面对风雨人生，手牵着手，一路同行，"最浪漫的事就是陪你慢慢变老"，有一首歌这样唱道，多么让人感慨。从恋爱的时候起，一对恋人互相说过多少爱情的誓言是难以计数的。但是结婚以后，要真正实现"骗子""白痴"，夫妻间还要经历多少感情的波折也是无法预料的。

有社会调查表明，目前我国城市的夫妻中，关系较好的占40%；关系一般，有些矛盾的占30%；关系恶化，经常吵架甚至闹离婚的占30%。自然，这几组数字所描绘的，绝不是美妙的图画，应该引起新婚夫妇们的警惕。

心理学家曾对80例夫妻间的争吵进行分析，发现四分之三以上是由于一方的责怪引起的。这些责怪往往起源于发现了对方的某些过失、因疏忽而犯的错误或无意间说的错话。在被责怪者不服而辩解或反过来责怪对方时，夫妻间的别扭就闹大了。这种由责怪引起争吵，由争吵引起感情破裂的事情，真是不胜枚举。

心理学家说，在受到别人的指责或责怪时，大多数人都会产生辩白

心理，除非是做了明显的绝对无可推诿的错事。所谓"辩白"心理，就是想为自己辩解，说明自己错得无意，或者因为情况复杂，错误难免等等，无非是想找点"情有可原"的理由，来减轻一下自己受责怪时的心理负担。值得注意的是，这种心理现象几乎是本能的，也可以说是一种"自然防卫"心理，也可以说是人的自尊要求。在很多情况之下，并不表示受责怪者想推卸责任。实际上在辩解之后，他的心理渐趋平衡，接着便开始自责，承担责任了。只有一向骄傲或虚荣心太重的人，才会一味地推卸责任。

了解了这一点之后，在你发现爱人的过失而责备他的时候，不妨听他辩解几句，让他心里好受些。不可一味地责备，不要将他辩解的言辞一句句地反驳，使他没有一个下台之处。否则必然会使他更激动，声音高起来，强硬的、不很理智的话就会冒出来。争吵这时就会发生。

也许，对方的某一过失并不值得你去加以责怪，因为那只是一个小过失，或者在那种情形之下，换上你去经历，那过失也是要犯的。即使对方的过失不小，这种道理也同样存在。因此心理学家主张，为了减少过失进一步给双方带来不快，夫妻间在发现对方不十分严重的过失的时候，最好不要去责备他。如果你能够安静地听他讲述事情的经过，听他为自己辩白，然后带一种宽慰对方的语气说一声"啊，今后注意一些就是了"或者"算了，算我们不走运吧"，这是最好的处理方式。此时有过失一方定能如释重负。虽然他还在自责，然而他的心理压力减轻了，而且会深深地感激你。

事实上，过失是难以避免的，因为我们大多时候都不是谨小慎微的

（而且谨小慎微有时也会成为一种过失）。很多时候，人们都免不了犯下过失，例如不留神打碎了玻璃杯，递茶时却烫了对方的手等。且不说这些过失一般人并不会生气，就是发生了更大的过失，在对生活有着开朗豁达态度的那些夫妻中，也不会大惊小怪，互相指责吵架的。因此夫妻关系中，还是心胸宽广、能够互相体谅为佳，倘若彼此狭隘，斤斤计较，得失观念太重，家庭生活是难得太平的。在那些对婚姻生活思想准备不足、理想色彩很浓的新婚小夫妻中，因一方的小过失而引起双方的不快，也是经常发生的事。

不要随便指责对方是问题的一个方面，与此同时，新婚夫妇还应该注意，少犯或不犯有失对方自尊心或伤害双方感情的那些过失。这些过失不同于打碎物件或丢失东西，可以用钱来计算，伤害了感情就会在夫妻间微妙的关系中投下阴影。比如妻子好几次嫌丈夫出门时穿得不够整齐，衬衣扣了不扣，今天见丈夫还是老样子，就有点生气地说："你总是不像个样子，早知道就不跟你结婚了！"此话说得过头，很容易伤害他的自尊心。碰上脾气差的，马上还你一句："你后悔了？那我们就离婚吧！"这样就两败俱伤了。在相互的评价问题上，夫妻双方都是很敏感的。

对爱人的过失要有宽容的态度，爱人之间不是为了在一场争吵中分个高低胜负，而是帮助对方认识过失和改正过失，希望今后不再发生类似的过失。只有这种妥善的解决办法，才能在一方有过失的时候，仍保持夫妻关系的和谐，保证爱情更长久。

请相信，无论世事怎么变迁。婚姻和爱情仍然是最为古老最为美丽的故事！只要我们多一份责任，多一份爱对方之心，多一份宽容对方之心，

随缘的人生自在多——人生变化无常，你要学会随缘

多承担一份苦难，少一些责难，少一些逃避。对生活多一点热情，对感情多一点激情，对婚姻多一点宽容，用心去经营婚姻，我们就一定能和所爱的人执手偕老！

随缘心语：

爱人之间，心胸宽广、能够互相体谅为佳，倘若彼此狭隘，斤斤计较，得失观念太重，爱情是难以太平的。爱情如水，宽容是杯。

随

缘

7. 没有完美婚姻，珍惜就是幸福

病房静悄悄的，奄奄一息的丈夫躺在病床上。在即将离开这个世界的时候，病危的老人把自己瘦骨嶙峋的手伸给了坐在床边的妻子。她满头白发，涕泪涟涟。此时的丈夫心潮澎湃，不能自已。他衷心地感谢妻子五十多年来对自己关怀备至，体贴有加。面对即将结束的人生，为了报答妻子的真挚感情，也使自己的灵魂得到解脱，老人要向外公开一个深深埋在心底长达半个世纪之久的爱的秘密。

而妻子呢，她用苍老的手轻轻地按着丈夫的嘴唇，十分动情地说："现在，我真的不想听什么爱的秘密。我只知道，对于我们而言，真正的爱的秘密是在如此广阔的世界里有缘相识、相知和相爱，在漫长的岁月中有幸相逢、相知和相依，在风风雨雨里能够相容、相扶和相携。"

听完这番话，丈夫感动得老泪纵横。那个爱的秘密多年来使他受到痛苦和折磨，让他的灵魂无法得到安宁。而当自己下决心要把它毫无保留地向最爱的人和盘托出时，对方却以理解和宽容淡然处之。老人终于得到了最大的安慰，带着那个爱的秘密安详地告别了这个世界。

妻子大度宽厚，拥有耐心，珍惜婚姻。不是吗？既然自己已经得到了人世间最真挚的爱情，还有什么别的爱的秘密能够与之相提并论呢？即使拥有秘密的人要把秘密作为一件"礼物"馈赠给自己，这件"礼物"又怎么和更珍贵千百倍的婚姻相比呢？

随缘的人生自在多——人生变化无常，你要学会随缘

凡事不可能完美无缺，但那一丝一点的不和谐与你所拥有的美丽相比较，又有什么不能释怀呢？

两个人走在一起就是一种缘分，"缘"是需要很多种条件才能成立的，相识是缘，相守更是缘。不要对这份缘过于苛刻，只有保持一份自然的态度，一份珍惜的心态，才能真正拥有属于自己的缘分。

为了解决自己的婚姻问题，一位先生走进了一家名为"爱情"的婚姻介绍所。

一位工作人员把他领进了屋，对他说："现在，请您到隔壁的房间去，那里有许多门，每一扇门上都写着您所需要的对象的资料，供您选择。祝您好运。"先生谢过了工作人员，向隔壁的房间走去。

里面的房间里有两扇门，第一扇门上写着"终身的伴侣"，另一扇门上写着"至死不变心"。先生忌讳那个"死"字，于是便迈进了第一扇门。

接着，又看见两扇门，右侧写的是"浅黄色的头发"。应当承认，不知道为什么，男士总是比较喜欢长着浅黄色头发的女性。于是，先生便推开了右侧的那扇门。

进去以后，还有两扇门，左边写着"年轻美丽的姑娘"，右面则是"富有经验、成熟的妇女和寡妇们"。可想而知，先生进入了左边的那扇门。

可是，进去以后，又有两扇门，上面分别写的是"疼爱自己的丈夫"和"需要丈夫随时陪伴她"。以后还有"双亲健在"和"举目无亲"。"忠诚、多情、缺乏经验"和"有天才、具有高度的智力"。先生都一一作了选择。

最后的两扇门对男士来说是一个极为重要的抉择：上面分别写的是"有遗产，或富裕，有一栋漂亮的住宅"和"凭工资吃饭"。理所当然，这位先生选择了前者。

先生还准备继续选择，当推开那扇门时，天啊……他已经上了马路啦！

那位工作人员向男士走来。他交给这位先生一个信封，信纸上写着：

"对不起，您的要求太高了，我们这里没有适合您的。"

这个故事在网上流传了很久，被许多未婚和已婚人士推崇，因为它生动地告诉了我们一个很简单的道理：生活中，我们每个人几乎都像故事中的男士一样以完美为标准选择着自己的爱情，校正着自己的婚姻，却从未认真地从中去体会和拥抱自己已经拥有的幸福。追求完美的婚姻，不是苛求完美的婚姻，别让这一字之差，轻易夺走你和所爱之人的幸福。

随缘心语：

两个人走在一起就是一种缘分，"缘"是需要很多种条件才能成立的，相识是缘，相守更是缘。不要对这份缘过于苛刻，只有保持一份自然的态度，一份珍惜的心态，才能真正拥有属于自己的缘分。